中国妈妈的权威孕育指南 食全食美

聪明宝宝怎么吃

尹念/编著

中国人口出版社
China Population Publishing House
全国百佳出版单位

前　言

在宝宝的成长过程中，喂养是极为重要的一件事情。婴幼儿对于环境的细微变化非常敏感，不同的营养基础会让宝宝的体质出现明显的健康差异。因此，了解一些科学营养知识，对宝宝进行合理的喂养，是确保宝宝健康成长的关键。

刚出生的宝宝，不管是母乳喂养还是人工喂养，新手爸妈总会面临不少难题，经常会弄得全家手忙脚乱，怎么办？宝宝再长大一点的时候，新手爸妈又要考虑宝宝吃什么才能更健康、更聪明，什么时候该给宝宝添加辅食，应该怎样科学断奶，怎样添加辅食才能使宝宝获得充足的营养，怎样做出宝宝喜欢又营养的美食……随着宝宝一天天长大，这一系列问题都会出现在妈妈们的面前。这对于每一位新妈妈来说都如同接受一次育儿技能的大考验。能不能顺利过关，除了妈妈们平时积累下来的育儿知识和生活智慧外，一本聪明宝宝怎么吃的工具书必不可少。

本书从科学、实用的角度出发，为每一位希望宝宝吃得更营养健康的妈妈讲述了宝宝0~3岁这一关键阶段所发生的各种变化，指出了宝宝在成长过程中的各种营养需求。根据这些变化和需求特点，为妈妈们提供了哺喂指导、饮食安排，并给出了一些常见喂养难题的解决方式。

本书提供了数百道适合各年龄段宝宝发育需求的营养菜谱；还根据宝宝在0~3岁时容易生病但不宜药物治疗的特点，提供了宝宝常见疾病的食疗方案；在本书附录部分，推荐了有利于宝宝成长的最佳食材，包括营养解析、搭配宜忌、选购要点、贮存及烹调的注意事项等。

在科学的理念和实践过程中，就算是从来没做过饭的妈妈也能修炼成宝宝的"特级营养师"。衷心祝愿每一位妈妈都能用心养育最棒、最聪明的宝宝。

目　录

第1章 0~4个月，宝宝的最佳食物是母乳

Contents

第2章 4~12个月，宝宝断奶与辅食添加

第3章 1~2岁，宝宝过渡到以普通食物为主食

第4章 2~3岁，开始像大人一样吃饭

第5章 宝宝常见病饮食调理

附录

第1章

0~4 个 月

宝宝的最佳食物是母乳

0~4个月宝宝身体发育情况

月　龄	身　长	体　重	头　围	胸　围
0~1个月宝宝	51.7~61.5厘米	3.6~6.4千克	35.0~40.7厘米	32.9~40.9厘米
1~2个月宝宝	54.6~65.2厘米	4.4~7.6千克	36.2~42.2厘米	35.1~42.3厘米
2~3个月宝宝	57.2~67.6厘米	5.0~8.5千克	37.7~43.5厘米	36.5~44.1厘米
3~4个月宝宝	58.6~69.5厘米	5.5~9.1千克	38.8~44.5厘米	37.3~46.3厘米

0~4个月聪明宝宝怎么吃

🍎 0~1个月宝宝

宝宝哺喂指导

　　新生儿最理想的营养来源是母乳。母乳和牛奶的营养虽然接近，但进入婴儿的体内后，两者并不相同。

　　母乳中的蛋白质比牛奶中的蛋白质易于消化，婴儿只有到了3个月后才能很好地利用牛奶中的蛋白质，所以3个月前都应尽量采用母乳喂养。母乳和牛奶中均含有铁，母乳中的铁50%可被吸收，但牛奶中铁的吸收则不足一半。

　　新生儿的消化吸收能力很弱，母乳中的各种营养无论是数量比例、还是结构形式，都是最适合小宝宝食用的。

宝宝一日饮食安排

喂养类型	喂养方法	添加营养
母乳喂养	出生一周内，可以采取勤哺喂、小间隔的方式，每天哺乳10~12次。一周后每天哺喂次数比刚出生时适当减少，平均为8~10次。	无
混合喂养	可以采取补授法或代授法。喂养次数和每次奶量跟母乳喂养一样。	无
人工喂养	完全吃配方奶粉的宝宝应每隔3~4小时喂一次，吃奶时间为15~20分钟。每天需要饮用适量的白开水，一般安排在两次哺喂的中间。	鱼肝油1次/天

黄花杞子蒸瘦肉

原料：瘦猪肉200克，干黄花菜15克，枸杞子10克，淀粉适量。

调料：料酒、酱油、香油、精盐各适量。

做法：

1 将瘦猪肉洗净，切片；黄花菜用水泡发后，择洗干净，与瘦猪肉、枸杞子一起剁成蓉。

2 将猪肉、枸杞子、黄花碎蓉放入盆内，加入料酒、酱油、淀粉、香油、精盐搅拌到黏，摊平，入锅内隔水蒸熟即可。

贴心提示：这道菜益髓健骨、强筋养体、生精养血、催乳。可有效增强乳汁的分泌，促进乳房发育。适用于妈妈产后乳汁不足或无乳。

豌豆炒鱼丁

原料：豌豆仁200克，鳕鱼肉200克，红椒少许。

调料：盐适量。

做法：

1 鳕鱼去皮、去骨，切丁；豌豆仁洗净；红椒洗净、切丁。

2 上锅热油，倒入豌豆仁翻炒片刻，继而倒入鳕鱼丁、红椒丁，加适量盐一起翻炒，待鱼丁熟即可。

贴心提示：鱼肉中含有丰富的维生素A和不饱和脂肪酸，多吃可刺激妈妈激素分泌，助益乳腺发育，起到丰胸催乳的效果。

猪蹄通草粥

原料： 猪蹄200克，通草3克，粳米100克，葱白适量。

调料： 盐适量。

做法：

1 将猪蹄去毛，洗净，砍成块。

2 通草放入锅中，加适量清水熬煮，至汁浓，去渣取汁，备用。

3 锅置火上，放入猪蹄、药汁、粳米、葱白，加清水适量煮至肉烂熟。

4 加入盐调味即可食用。

贴心提示： 通草有通乳汁的作用，猪蹄能补血通乳，二者相配，使此粥具有通乳汁、利血脉的作用。适于产后无奶、乳汁不通的妈妈食用。这道粥黏稠，鲜香不腻，妈妈可以连食3~5日。

滋补羊肉汤

原料： 羊肉350克，枸杞子30克，高汤、葱段各适量。

调料： 盐、香油各适量。

做法：

1 将羊肉洗净，切片焯水；枸杞子浸泡洗净。

2 净锅上火，倒入高汤，下入葱段、羊肉片、枸杞子，煲至熟，调入盐，淋入香油即可。

贴心提示： 这道菜补益肝肾，生精养血，养精益髓，下乳。适用于产后缺乳、无乳或女子乳房扁小不丰、发育不良等。

羊肉虾羹

原料： 羊肉200克，虾米30克，葱、蒜适量。

调料： 盐适量。

做法：

1 羊肉洗净，切成薄片；虾米洗净；蒜切片；葱切段和葱花。

2 锅置火上，加水烧开，放入虾米、蒜片、葱段。

3 煮至虾米熟后放入羊肉片，再煮至羊肉片熟，加少许盐调味，撒葱花即可。

贴心提示： 羊肉含有维生素B$_1$、维生素B$_2$、维生素B$_3$，以及蛋白质、脂肪、碳水化合物、矿物质中的钙、磷、铁等具有温中散寒、健脾益气、温补肾阳之功效。羊肉具有强壮筋骨、活血通经、健胸、催乳的作用，尤其适合于胸部平坦、乳房干瘪的妈妈丰胸之用。

虾仁镶豆腐

原料：豆腐100克，虾仁50克，青豆仁10克，蚝油适量。

调料：盐适量。

做法：

1 豆腐洗净，切成四方块，再挖去中间的部分。

2 虾仁洗净剁成泥状，加盐拌匀填塞在豆腐空的部分的中间，并在豆腐上面摆上几个青豆仁作装饰。

3 将做好的豆腐放入蒸锅蒸熟。

4 蚝油加适量水在锅里熬成糊状，然后均匀淋在蒸好的豆腐上即可。

贴心提示：虾仁豆腐所含油量较低，是优质的蛋白质来源，可以增加母乳的营养含量。过敏性体质的妈妈，建议用绞肉代替虾仁，减少过敏反应。

聪明宝宝怎么吃

宝宝哺喂指导

　　满月后，婴儿进入一个快速生长的时期，对各种营养的需求也迅速增加。此阶段婴儿生长发育所需的热量占总热量的25%~30%，每天热量供给约需95千卡/千克体重。

　　此阶段继续提倡母乳喂养，如果母乳量足，完全可以不必添加其他配方奶。如果母乳不足者由于体力不支，不能完全母乳喂养时，首先应当选择混合喂养，最后才选择实行人工喂养。人工喂养的宝宝可以适当添加一些蔬菜汁和果汁。由于宝宝的消化功能还不发达，所以最好是将蔬果汁稀释后给宝宝食用，而且蔬果汁最好是鲜榨的，确保宝宝的营养供给。

宝宝一日饮食安排

哺喂次数	每次奶量	添加营养	辅助食物
8~10次/天 3~3.5小时/次	60~150毫升	鱼肝油	人工喂养的宝宝可以少量添加蔬菜汁或果汁

橘子汁

原料：橘子1个约50克。

调料：白糖少许。

做法：

1 将橘子洗净，切成两半。

2 将每半个置于挤汁器盘上旋转几次，果汁即可流入槽内，过滤后即可给宝宝喂食。

贴心提示：每个橘子约得果汁40毫升，饮用时可加1倍水和少许白糖。

番茄汁

原料：番茄1个约50克。

调料：白糖1小匙。

做法：

1 将熟透的番茄在开水中烫2分钟，取出剥皮，切碎。

2 用干净的纱布把切碎的番茄包裹后挤出汁水，也可用榨汁机。

3 将番茄汁倒入杯中，加入白糖，再用适量温开水冲调后即可饮用。

贴心提示：番茄的底部用小刀浅划十字，再放入沸水中烫，这样容易剥皮。

宝宝哺喂指导

宝宝3个月时，母乳喂养仍然是需要提倡的喂奶方式。

如果母乳量足，仍然不必添加其他配方奶；如果母乳实在已经无法满足宝宝的需要，宝宝总是吃不饱，哭闹不止，生长受到影响，那么可以用混合喂养的方式过渡，但母乳应按正常喂奶时间和次数进行，不要间断，以免影响到乳汁的继续分泌；如果根本没有母乳或无法进行母乳喂养了，再实行人工喂养，但要注意密切观察宝宝的生长、食欲和大小便等情况。从母乳改换到配方奶，宝宝容易出现不适，应及时发现并应对。

混合喂养时，不要在喂完母乳后再喂牛奶。硬的胶皮奶嘴感觉肯定不同于妈妈的乳头，婴儿会讨厌奶嘴；更何况母乳的味道与牛奶也不一样，这个时候喂的话，婴儿可能不会喝牛奶。因此，在两次母乳喂养中间添加牛奶补充是恰当的。

此时，可以给宝宝适当添加一些果汁、蔬菜汁，以补充维生素和水分，此阶段宝宝体内的维生素储存量已经基本耗尽，因此适当补充是必要的，而且可以为下个月宝宝添加辅食作好过渡。

若想尝试着给消化功能较好的宝宝添加辅食，一定要避免米糊等含淀粉太多的食物，因为这个月的宝宝体内帮助消化的淀粉酶分泌还不足。

此外，3个月以内的宝宝还不能吃咸食，否则会增加肾脏负担，因此人工喂养或给宝宝喂蔬菜汁、果汁的时候，不要往里面加盐，这个时期的盐，主要来自母乳和牛奶中含有的电解质。

宝宝一日饮食安排

哺喂次数	每次奶量	添加营养	辅助食物
7~8次/天 夜间减少1次	75~160毫升	鱼肝油	人工喂养的宝宝可以少量添加蔬菜汁或果汁

胡萝卜汁

原料：胡萝卜1/2根约50克。

做法：

1 将胡萝卜洗净，切丁。

2 将胡萝卜放入榨汁机中，加少许冷开水榨成汁(可不去渣)。

3 待搅拌均匀，倒入小锅中煮10分钟即可。

贴心提示：这款果汁能给宝宝补充丰富的维生素，提高宝宝的免疫力。

青菜水

原料：菜心100克(小油菜、菠菜、白菜均可)。

做法：

1 将菜心择洗干净，放入沸水中煮2~3分钟后捞出，再放入料理机中加入少量凉开水，打成糊状。

2 将打好的青菜糊放入刚才煮青菜的水中，再次煮开。

3 将煮好的青菜水用清洁纱布过滤去渣，放至温度适宜即可。

贴心提示：青菜水有清香的味道，含有较多维生素C。妈妈应注意，给宝宝制作的青菜水应随煮随用，以免久放使维生素C失效。

🍒 3~4个月宝宝

宝宝哺喂指导

宝宝第4个月还是提倡母乳喂养，在母乳量足的情况下，不必添加其他配方奶。

从这个月起，宝宝需要及时添加辅食了，宝宝体内的铁、钙、叶酸和维生素等营养元素相对缺乏，如果不及时添加辅食，可能导致宝宝营养不良，尤其是不肯吃母乳的宝宝。宝宝的生理因素也为添加辅食作好了准备，这个月宝宝唾液腺的分泌逐渐增加，为接受谷类食物提供了消化的条件，宝宝也喜欢吃乳类以外的食品了。

现在，宝宝的主食仍以乳制品为主，每一种辅食都可以慢慢增加，补充维生素A、维生素C、B族维生素、维生素D及无机盐，一些含淀粉的食物，如米糊、粥等可开始用匙喂食。

宝宝可能对异种蛋白产生过敏反应，导致湿疹或荨麻疹等疾病，因此在6个月前不要喂给宝宝鸡蛋清。

宝宝一日饮食安排

时间	食物类型	添加量
6：00	母乳或母乳+配方奶	120~160毫升/次
9：00	人工喂养的宝宝添加婴儿营养米粉	适量
11：00	母乳或母乳+配方奶	120~160毫升/次
13：00	人工喂养的宝宝添加蔬菜汁或水果汁	90毫升
16：00	母乳或母乳+配方奶	120~160毫升/次
18：00	人工喂养的宝宝添加蔬菜泥或水果泥、米汤	20~30克/次
21：00	母乳或母乳+配方奶	120~160毫升/次
00：00	母乳或母乳+配方奶	120~160毫升/次

大米汤

原料：大米3大匙约150克。

做法：

1 将大米洗净，用清水浸泡3个小时。

2 将大米放入锅中，加入三四杯水煮，小火煮至水减半时关火。

3 将煮好的米粥过滤，只留米汤，微温时即可给宝宝喂食。

贴心提示：米汤性味甘平，有益气、养阴、润燥的功能。

小米汤

原料：小米40克。

做法：

1 将小米淘洗干净。

2 锅置火上，放入小米，加入适量清水，煮成稀粥。

3 粥好后，取上层的米汤喂给宝宝吃。

贴心提示：小米营养丰富，含有丰富的维生素和矿物质。小米中的维生素B_1是大米的好几倍，矿物质含量也高于大米。

西瓜汁

原料：西瓜瓤 100 克。

调料：白糖 1 小匙。

做法：

1 西瓜瓤去掉子，放入碗内，用匙捣烂，用干净的纱布过滤，取汁。

2 在过滤出的汁里加入白糖，调匀即可。

贴心提示：西瓜性凉，有清热利尿的作用，对发热的宝宝很有好处。

菠菜汁

原料：菠菜 250 克。

做法：

1 将菠菜洗净，在沸水中烫一下，切段后加适量水榨汁。

2 锅置火上，加入菠菜汁熬 10 分钟即可。

贴心提示：菠菜中含有大量的抗氧化剂，如维生素E和硒元素，能促进细胞增殖作用，既能激活大脑功能，又可增强宝宝活力。

苹果水

原料：新鲜苹果1个约100克。

调料：冰糖少许。

做法：

1 将苹果洗净，去掉核，切成小块。

2 锅置火上，加入适量清水和冰糖，煮开，再放入苹果块煮5分钟，熄火。

3 凉凉后把上面的水盛出来，就可以喂宝宝了。

贴心提示：煮熟的苹果水里面溶解了大量的维生素，对帮助宝宝补充维生素特别有好处。这样做出来的苹果水也比较容易消化，特别适合胃肠功能偏弱、容易消化不良的宝宝。

宝宝喂养难题

Q：什么时候需要给宝宝喂水

如果宝宝撅着小嘴四处觅食，经常哭闹、烦躁、难以入睡、尿少、尿色深黄，就该想一想宝宝是不是需要喝水了。在两次喂奶或喂食之间，或宝宝在室外时间长了、洗澡后、睡醒后等时候，都应给宝宝适量补充水。

一般来说，新生宝宝每天需要喂3~4次水；一周内的宝宝每次要喂30毫升左右；第二周的宝宝每次要喂45毫升左右的水；满月后，每次则要给宝宝喂50~60毫升的水。

饭前半小时可以让宝宝喝少量的水，这样可以促进唾液的分泌，帮助宝宝消化。另外，睡前不要给宝宝多喝水，新生宝宝还不能控制排尿，睡前喝水过多会影响睡眠，也可能导致遗尿。

不过，母乳喂养的宝宝不必时常喂水，一天1~2次即可，因为母乳中含有大量的水分，能够很好地满足宝宝的需要，不必刻意补充。人工喂养与混合喂养的宝宝，由于奶粉中所含的蛋白质和无机盐比母乳多，会使宝宝体内产生更多盐分和蛋白质的代谢产物，这些都要随水分排出体外，所以，每天必须补充适量温开水。需要提醒的是，宝宝3个月后就要开始单独补水了。

> **贴心提示**
>
> 给宝宝喂水时，不要使用奶头或橡皮奶头，这样容易造成宝宝的错觉，应该用小勺给宝宝喂水。

Q：宝宝不接受配方奶粉怎么办

纯母乳喂养的宝宝如果习惯了从妈妈的乳房中吸吮乳汁，会拒绝吃橡皮奶头，也会拒绝用奶瓶吃配方奶。所以，母乳不足的妈妈想给宝宝添加配方奶，提前锻炼宝宝吸橡皮奶头是非常有必要的。

刚开始可先用奶瓶给宝宝喂一点水或果汁，然后再少量地给宝宝喂一点奶粉，让宝宝逐渐适应橡皮奶头的气味和口感。等宝宝接受了橡皮奶头，就可以用奶瓶给宝宝喝配方奶了。

如果宝宝哭闹着要吃母乳，妈妈可以采取让家里的其他人给宝宝喂奶的办法，减少母乳对宝宝的诱惑，使宝宝逐渐接受橡皮奶头。

> **贴心提示**
>
> 锻炼宝宝从橡皮奶头中吸配方奶的时候，最好不要先让宝宝吃一半母乳，再给宝宝加配方奶，而应该采取一顿母乳、一顿配方奶的喂养方式，不要用配方奶补零。

Q：宝宝不愿意吸奶怎么办

宝宝出生半个小时内应尽量让他吸吮乳头，宝宝本能地就学会了吸奶，即使宝宝不好好吃奶，也不要着急，要耐住性子等待。乳头凹陷会使宝宝吃奶有些困难，可以尝试用一只手握住乳房根部轻轻地向上提，另一只手一边扶着乳房，一边用拇指、食指轻轻地把乳晕朝内侧按，乳头就可以从根部挤出来，便于宝宝吮吸。妈妈乳房胀奶后比较硬，新生宝宝不会吸。这时可以用热毛巾敷一敷，把奶挤出来一些，使乳房变软，这样他就会吸吮了；若是人工喂养，奶瓶上的奶嘴不要太硬，吸孔不能太小，吮吸费力会使他厌吮。

有的宝宝在习惯了从橡皮奶头中吸配方奶后，常常会因为母乳吸吮起来比较费力、流出得比较慢而逐渐对吃母乳失去兴趣。这时候，妈妈不要因为宝宝不喜欢就减少母乳喂养的次数，这只会使母乳的分泌越来越少，最终导致母乳不足而使母乳喂养失败。

妈妈要时常注意宝宝的身体情况，因为一些疾患，如消化道疾病、鼻塞、口腔感染等都会不同程度导致宝宝厌吮，这时要及时带宝宝看医生，进行适当处理。

无论什么情况，最重要的是要让宝宝吸奶，哪怕只是放在嘴里舔，他也会逐渐学会自己吃奶。

Q：宝宝吐奶怎么办

宝宝吐奶是正常现象，妈妈不必担心，可以采取以下措施来预防：

喂奶时不要过多过快，用奶瓶喂奶时，奶嘴的开口不宜太大，以减少吞进空气的可能性。吃完奶后将宝宝抱起来，头靠在妈妈的肩上，轻轻拍背使其打嗝。之后让宝宝采取右侧卧位，不要过多翻动。

> **贴心提示**
>
> 如果宝宝有经常性的、严重的吐奶情况，比如出现喷射状吐奶、吐出黄绿色的胆汁、吐出血丝、吐出咖啡色的液体等，则要引起重视，及时带宝宝到医院诊治。

Q：妈妈胀奶该采取什么措施

胀奶时，妈妈的乳房会变得比平时更加光滑、充盈、硬挺，有胀痛、压痛甚至发热的感觉。胀奶必须及时处理，以免妨碍宝宝吃奶，也避免使妈妈在哺乳时遭受更多痛苦。

处理方法是：

1 用热毛巾敷乳房可以使阻塞的乳腺变得通畅，以缓解胀奶引起的疼痛。注意：热敷的温度不宜过热，以免烫伤皮肤；乳晕和乳头部位的皮肤比较娇嫩，热敷时要尽量避开这些地方。

2 热敷后，可以进一步对乳房进行按摩：用双手托住一侧乳房，从乳房底部按摩至乳头，直至乳房变得柔软，将淤积的乳汁挤出来就可以了。

┌─ 贴心提示 ─

如果胀奶的情况十分严重，不妨以冷敷的方式止痛，可以先用吸奶器将淤积在乳头里的奶汁挤出，然后用毛巾裹上冰袋冷敷，缓解疼痛。

Q：挤奶要怎么操作

当妈妈必须与宝宝短暂分开，特别是休完产假回去上班时，或是因为其他因素，例如乳房太胀以至于宝宝无法含住乳头、乳头皲裂等无法哺喂母乳时，妈妈可以将奶水挤出来，否则不仅会胀奶，长期下去，还可能引发乳腺炎甚至断乳。

正确的挤奶方法是：使用大拇指与食指按压乳晕边缘，并且改变按压的角度，才能将乳房中的所有奶水挤出来。通常只要乳腺通畅，用手挤奶水并不会痛，手要直接固定在乳晕边缘的位置并且挤压，不要在皮肤上滑动，否则容易使皮肤不舒服，挤奶效果也不好。

一般来说，当妈妈开始有奶水后，每隔3~4个小时需要挤一次，只要挤到乳房舒服，不再胀奶，或是挤到宝宝需要的量即可，通常10~20分钟就可结束。

如果长期需要挤奶水，可以用吸奶器来代劳，较省时省力。

┌─ 贴心提示 ─

当宝宝吸吮乳房时，妈妈也可以手触摸乳房周围是否还有哪个部位仍有肿胀，若有肿胀则表示这个部位的奶水尚未移除，此时可用手按压这个部位，帮助奶水流出来。

Q：宝宝睡着了要不要叫醒喂奶

一般宝宝饿了自然会醒过来，妈妈无须将宝宝叫醒。但是，从生理角度看，宝宝的胃每3~4小时会排空一次。因此，如果超过4小时，宝宝还在睡觉，妈妈就应该试图叫醒宝宝了。

妈妈可以给宝宝换尿布，触摸宝宝的四肢、手心和脚心，轻揉其耳垂，将宝宝唤醒。如果上述方法无效，妈妈可以用一只手托住宝宝的头和颈部，另一只手托住宝宝的腰部和臀部，将宝宝水平抱起，放在胸前，轻轻地晃动数次，宝宝便会睁开双眼。

当然，如果宝宝睡得香甜，妈妈很难叫醒，或是在后半夜，就不要叫了。硬将宝宝叫醒，宝宝没有睡够，会感到不舒服而哭闹，反过来会降低他的食欲。

如果超过6个小时，妈妈可把乳头放到宝宝嘴里，宝宝会自然吮吸起来，再慢慢将宝宝唤醒比较好。

贴心提示

一般宝宝每侧乳房吸10分钟才会饱，妈妈要注意尽量让一侧乳房先吸空再吸另一侧，这有利于增加泌乳，若老不吸空，乳汁会慢慢减少。

Q：出现缺奶症状时怎么办

宝宝出生后，原本乳汁分泌旺盛，可是有一天突然就没有了胀奶的感觉，缺奶了，宝宝饿得哭闹。这种缺奶症状是暂时的，大多发生在产后3个月内，几乎每一个初产妈妈都可能发生，妈妈不必过于担心。

引起暂时性缺奶的原因很多，如环境突然改变、身体疲劳、对母乳喂养缺乏信心，或是产妇月经恢复，或是宝宝突然生长加快等。在确定不是乳房损伤或者妈妈身体疾病的前提下，一定要坚持不加喂牛奶、奶粉或其他辅助食品，一定不用奶瓶，最多坚持7~10天，暂时性缺奶就会好转。同时，可以采取以下措施：

1 多吃一些促进乳汁分泌的食物。

2 坚持勤哺喂，每次喂奶双侧乳房都要给婴儿吸吮至少10分钟，坚持夜间哺乳。

3 母亲因患病暂时不能哺乳，坚持将乳房排空，每天6~8次或更多次。

4 月经恢复时母乳可能少一些，此时可增加哺乳次数来补救。

贴心提示

妈妈要保持精神愉快，保证足够的休息，绝大多数母亲完全有能力以母乳哺喂自己的孩子，要对自己有信心。

Q：怎样从宝宝口中抽出乳头

一般宝宝吃饱了会主动松开乳头，但有时宝宝还会咬住乳头不放，这时不能硬拉，可以采取一些巧妙的办法：

用手指轻轻压一下宝宝的下巴或下嘴唇，这样做会使宝宝松开乳头。

将食指伸进宝宝的嘴角，慢慢地让他把嘴松开，这样再抽出乳头就比较容易了。

将宝宝的头轻轻地扣向乳房，堵住他的鼻子，宝宝就会本能地松开嘴。

贴心提示

有的宝宝吃着吃着就睡着了，这时可用手轻轻捻他的下耳垂，让他醒来再吸一些，如果宝宝实在不愿再多吸，就要及时把乳头抽出。

Q：宝宝哭是不是因为饿

细心的妈妈会发现，宝宝的哭声并不都一样，那么，怎么分辨他的哭声呢？

饿了：当宝宝饥饿时，哭声很洪亮，哭时头来回活动，嘴不停地寻找，并做着吸吮的动作。只要一喂奶，哭声马上就停止，而且吃饱后会安静入睡，或满足地四处张望。

不舒服了：因为尿布湿了，太冷或太热了等。这时，看看宝宝是否便便了，及时更换干净的尿布；用手摸摸宝宝的腹部，如果发凉，说明宝宝感到冷了；如果宝宝面色发红，烦躁不安，则表明宝宝太热了。宝宝痛苦地哭，多为消化不良、腹胀等原因，想办法让宝宝打出嗝来，就会觉得好受一些。

哭着玩：这种哭声一般是在无声无息中开始的，常常是由几声缓慢而拖长的哭声打头阵，声音较低发自喉咙，这只是要引起注意：宝宝寂寞了，要与他玩耍和交流。

累了：过度兴奋的宝宝会因为累过头而哭个不停，甚至不肯睡觉。

不安：妈妈上班后的分离、换了保姆、不喜欢陌生的环境和陌生人、单独待在房间里、爸爸妈妈情绪不好等，都会引起宝宝不安。

生病：宝宝不停地哭闹，用什么办法也没用。有时哭声尖而直，伴发热、面色发青、呕吐，或是哭声微弱、精神委靡、不吃奶，这就表明宝宝生病了，要尽快请医生诊治。

贴心提示

爸爸妈妈要尽量避免当着宝宝的面吵架，家人的吵架会给宝宝的性格和心理留下负面影响，甚至影响智力发育。

Q：妈妈生病服药了，宝宝吃什么

　　妈妈生病了，需要用药时，应向医生说明自己正在喂奶，千万不能自作主张，自我诊断，自己给自己开药吃。

　　妈妈即便生病服药了，也不要急着中断哺乳，除了少数药物在哺乳期禁用外，其他药物在乳汁中的排泄量，很少超过妈妈用药量的1%~2%，这个剂量不会损害宝宝的身体，只要服药在安全范围内，就不应该中断哺乳。

　　服药后要调整哺乳时间，妈妈可以在哺乳后马上服药，并尽可能推迟下次哺乳时间，最好是间隔4个小时以上，以便更多的药物代谢完成，使母乳中的药物浓度达到最低。

┌─ 贴心提示
　　有的妈妈生病了倾向于吃中药，以为中药无毒，这只是相对而言，有些中药成分会进入乳汁中，使乳汁变黄，或有回奶作用。
└─

Q：为什么宝宝需要添加鱼肝油

　　鱼肝油中含有维生素A和维生素D，维生素A缺乏可能影响宝宝皮肤和视力的发育；缺乏维生素D则有可能导致佝偻病的发生，因为维生素D可促进食物中钙质的吸收，对宝宝的骨骼发育有重要作用。

　　母乳中维生素A、维生素D的含量都比较少，早产儿、双胎儿、人工喂养儿、冬季出生的宝宝更容易缺乏维生素D，如不给宝宝补

充维生素D，吃下的钙片是吸收不了的，只能随大便排出体外。

　　为了满足宝宝生长发育的需要，无论是母乳喂养还是人工喂养的宝宝，从出生后第三周起都应该添加鱼肝油。

┌─ 贴心提示
　　在为宝宝补充鱼肝油的同时，一定要让宝宝多晒太阳，这样可以更好地吸收鱼肝油，同时也减少鱼肝油的一些不良反应。
└─

Q：鱼肝油怎么选择

现在市场上有专门为宝宝特制的维生素AD制剂，配比科学，适于宝宝吸收，但浓度不一，应严格按说明或医生指导给宝宝服用，最好选用滴剂。

在购买的时候要注意以下几点：

1 选择不含防腐剂、色素的鱼肝油，避免宝宝叠加中毒。

2 选择不加糖分的鱼肝油，以免影响钙质的吸收。

3 选择新鲜醇正口感好的鱼肝油，宝宝服用更顺从。

4 选择不同规格的鱼肝油，有效满足婴幼儿成长期需求。

5 选择单剂量胶囊型的鱼肝油，避免二次污染。

6 选择铝塑包装的鱼肝油，避免维生素A、维生素D氧化变质。

7 选择科学配比3:1的鱼肝油，避免维生素A过量，导致宝宝中毒。

8 还有，选择知名企业生产的鱼肝油，更加安全可靠。

Q：鱼肝油怎么喂，喂多少

妈妈可以用滴管吸出一定剂量的鱼肝油滴剂，放进宝宝嘴角内或者舌下，便于宝宝慢慢舔入。不宜将鱼肝油滴入奶瓶内服用。

当前市场出售的浓缩鱼肝油每小瓶共10克，每1克含维生素A和维生素D分别为5万单位和9千单位，每瓶总量是50万单位的维生素A、6万单位的维生素D。现在公认的宝宝预防佝偻病服维生素D的剂量为每日400~500国际单位，一瓶浓缩鱼肝油要吃上2~4个月，一般来说，每天吃1~2滴即可。

宝宝补鱼肝油，最初每天吃1滴；如果大便正常，1~2周后就可以增加一点；此后逐渐增加，直到每天吃1丸，只要宝宝没有腹泻，就可以一直吃到2周岁。

大一些的宝宝往往因不喜欢鱼肝油的腥味而拒食，妈妈需要想些办法，比如掺在宝宝爱吃的食物中，让他不知不觉地吃下去；或者准备一些小点心作为奖励。平时要多给宝宝准备些富含维生素A、维生素D的食物，比如动物肝脏、蛋黄、虾皮、胡萝卜，含维生素A、维生素D的奶类等。

┌─ **贴心提示** ─

特别要提醒的是，鱼肝油不能补充过量，否则有可能会发生中毒。夏季宝宝室外活动较多，日照时间长，补充鱼肝油的量可以酌减。

第2章

4~12 个 月

宝宝断奶与辅食添加

4~12个月宝宝身体发育情况

月 龄	身 长	体 重	头 围	胸 围
4~5个月宝宝	60.9~71.6厘米	5.9~9.7千克	39.7~45.4厘米	38.1~46.8厘米
5~6个月宝宝	62.4~73.2厘米	6.2~10.3千克	40.4~45.6厘米	38.9~48.1厘米
6~7个月宝宝	63.6~74.7厘米	6.4~10.7千克	41.2~47.6厘米	39.7~49.1厘米
7~8个月宝宝	65.4~76.5厘米	6.7~11.0千克	41.5~47.7厘米	40.1~49.4厘米
8~9个月宝宝	66.5~77.5厘米	6.8~11.4千克	42.1~48.0厘米	40.4~49.6厘米
9~10个月宝宝	67.7~78.9厘米	7.1~11.5千克	42.4~48.4厘米	40.7~49.9厘米
10~11个月宝宝	68.8~80.5厘米	7.2~11.9千克	42.6~48.9厘米	41.1~50.2厘米
11~12个月宝宝	70.3~82.7厘米	7.4~12.2千克	43.0~49.1厘米	41.4~50.5厘米

4~12个月聪明宝宝怎么吃

🍒 4~5个月宝宝

宝宝哺喂指导

在宝宝喂奶上，如果这个月哺乳妈妈的奶量仍然充足，可以继续母乳喂养，可不必以配方奶来补充。总的来说，本月宝宝的主食仍以母乳或配方奶为主。

由于宝宝的消化器官、机能逐渐完善，而且宝宝的活动量不断增加，消耗的热量也增多，因此宝宝的辅食需要再丰富一些，让他尝试更多的辅食种类。在添加果泥、蔬菜泥的基础上，可以再添加一些稀粥或汤面，还可以开始添加鱼肉，具体添加食物应根据宝宝的消化情况来定。每添加一种新的食品，都要先观察宝宝的消化情况，如果出现腹泻，就要立即停止添加或暂缓添加这种食物。

这个月宝宝需要补铁，否则可能出现缺铁性贫血，不妨给宝宝添加点蛋黄。

宝宝一日饮食安排

上午	下午	晚上
6：00（母乳）	14：00（牛奶+蛋黄）	21：00（母乳）
8：00（蔬菜泥）	16：00（母乳）	24：00（母乳）
10：00（母乳）	18：00（辅食）	
12：00（水果泥）		
注：每次母乳添加量为：150~200毫升 每天1次给宝宝喂食适量鱼肝油，并保证饮用适量白开水		

煮蛋黄

原料： 鸡蛋1个，水或奶100毫升。

做法：

1 将鸡蛋放入凉水中煮沸，用中火再煮5~10分钟，放入凉水中，剥壳取出蛋黄。

2 蛋黄研碎，加入水或奶小半杯，用勺调成泥状即可。

贴心提示： 鸡蛋黄含DHA和卵磷脂、卵黄素，对宝宝神经系统的发育有很好的促进作用。

香蕉泥

原料： 香蕉50克。

调料： 糖10克。

做法：

把香蕉去皮切成小块，放入搅拌机中，加入白糖，搅成均匀的香蕉泥，倒入小锅内，煮开后即可喂食。

贴心提示： 香蕉泥含有丰富的碳水化合物、蛋白质，还有丰富的钾、钙、磷、铁及维生素，具有润肠通便的作用，对便秘的婴儿有辅助治疗作用。

玉米豆浆糊

原料：黄豆50克，玉米面1大匙。

做法：

1 黄豆提前一天用水泡开，用豆浆机打成豆浆。

2 玉米面加点冷水和成均匀的糊状。

3 将打好的豆浆煮开加入玉米糊搅匀改小火，再烧开即可。

贴心提示：玉米中所含的胡萝卜素能够在人体内转化成维生素A，对宝宝的发育具有促进作用。

南瓜泥

原料：南瓜200克。

做法：

1 将南瓜去皮、瓤，切碎。

2 南瓜丁放入锅中，加少量开水，煮至黏稠状即可。

贴心提示：南瓜中含有丰富的碳水化合物及维生素A，还有钙、磷、铁、锌等元素，能增强宝宝的免疫力。

土豆泥

原料：土豆2个约300克。

做法：

1 土豆洗净，去皮切块。

2 土豆煮熟，放凉后放入果汁机内，打成泥状即可。

贴心提示：土豆含有丰富的膳食纤维，能够促进肠胃的蠕动，帮助宝宝预防和治疗便秘。土豆中含有丰富的维生素B_6，能够帮助宝宝增进食欲，并使宝宝精力充沛。

🍎 5~6个月宝宝

宝宝哺喂指导

　　母乳喂养的宝宝，这个月会开始对乳汁以外的食物感兴趣，看到成人吃饭时会伸手去抓或嘴唇动、流口水，这时爸爸妈妈可以考虑给宝宝添加辅食，为断奶作准备。

　　有的宝宝已经开始吃辅食了，甚至已经长出了一两个乳牙。为训练宝宝的咀嚼能力，宝宝的辅食颗粒可以略粗一些，比如将豆腐、熟土豆、蔬菜煮熟切丁。

　　这一时期宝宝初步进入断奶期，可以给一些动物性食品，如鱼泥、肉泥等；还应吃些补充热量的食物，如烂粥、烂面条等。

　　要注意的是，不要给宝宝频繁地喂米粥，米粥的营养价值比较低，吃得过多还会导致婴儿肥胖。

宝宝一日饮食安排

上午	下午	晚上
6：00（母乳） 8：00（蔬菜泥） 10：00（母乳+辅食） 12：00（水果泥）	15：00（母乳） 18：00（辅食）	21：00（母乳） 24：00（母乳）
注：每次母乳添加量为：150~200毫升 每天1次给宝宝喂食适量鱼肝油，并保证饮用适量白开水		

鸡肝糊

原料：鸡肝20克，米20克。

做法：

1 将鸡肝去膜、去筋，剁碎成泥状备用；米淘洗干净，放入锅中。

2 锅置火上，加适量清水，大火煮开后，改用小火，加盖焖煮至烂。

3 再拌入肝泥，煮开即可。

贴心提示：肝脏是动物体内储存养料和解毒的重要器官，含有丰富的营养物质，具有营养保健功能，是最理想的补血佳品之一。

青菜米粉

原料：米粉50克，青菜叶30克。

做法：

1 青菜洗净，煮熟后捞出切碎。

2 米粉加水调匀，加入切碎的青菜搅拌均匀即可。

贴心提示：米粉是宝宝很好的主食，再加上青菜，能为宝宝生长发育提供膳食纤维、矿物质、维生素等营养成分。

番茄肝末糊

原料： 猪肝200克，番茄1个约40克。

做法：

1 先将猪肝洗净切碎，番茄用开水烫一下后去皮切碎。

2 把猪肝末放入锅里，加入水或肉汤煮，快熟时加入番茄末煮熟即可。

贴心提示： 猪肝不仅含有丰富的蛋白质，还富含钙、铁等物质，对宝宝的生长发育极为有利，每周吃一次猪肝可以帮助宝宝补铁，预防婴儿缺铁性贫血。

香蕉牛奶糊

原料： 香蕉1/2根约25克，牛奶2大匙，玉米粉1小匙。

调料： 白糖1小匙。

做法：

1 将香蕉去皮，研碎。

2 锅置火上，倒入牛奶，加入玉米粉和白糖。用小火煮5分钟左右，边煮边搅匀。

3 煮好后倒入研碎的香蕉中调匀即可。

贴心提示： 香蕉有"智慧之果"的美称。牛奶中含有的碘、锌和卵磷脂可有效提高大脑的智能发育。制作时一定要把牛奶、玉米粉煮熟。香蕉营养丰富，睡前吃点香蕉，可以起到镇静的作用。

番茄鱼糊

原料： 净鱼肉100克，番茄1个约50克，鸡汤1碗。

调料： 精盐适量。

做法：

1 将净鱼肉放入开水锅内煮好后，除去骨刺和皮；番茄用开水烫一下，剥去皮，切成碎末。

2 将鸡汤倒入锅内，加入鱼肉同煮，稍煮后，加入番茄末、精盐，用小火煮成糊状即成。

贴心提示： 此菜含有丰富的蛋白质、钙、磷、铁和维生素C、维生素B_1、维生素B_2及胡萝卜素等多种营养素，有助于宝宝生长发育。

胡萝卜米糊

原料： 胡萝卜1小段约25克，炼乳10克，营养米粉20克。

做法：

1 胡萝卜洗净切丝，放蒸锅蒸熟后取出捣成泥。

2 将胡萝卜泥、炼乳、营养米粉调成糊状即可。

贴心提示： 胡萝卜中的胡萝卜素在进入人体后，能转化为维生素A，补充了人体内维生素A的不足。维生素A可保护内脏器官。胡萝卜不宜与白萝卜一起吃，若将胡萝卜、白萝卜一起调凉菜或一起炖食，会导致其中一种萝卜营养价值的降低。

蓝莓酱

原料： 蓝莓50克。

调料： 白糖适量。

做法：

1 蓝莓洗净后，用勺子按碎，加白糖拌匀。

2 用小火将加糖的蓝莓煮开，煮的过程中不断搅拌，直至黏稠状即可关火。

3 将出锅的蓝莓放凉后即可给宝宝喂食。

贴心提示： 熬蓝莓酱的时候，一定要小火，边熬边搅拌，以免煳锅。

🍎 6~8个月宝宝

宝宝哺喂指导

从第7个月起，母乳已经不能完全满足宝宝生长的需要，同时乳牙萌出，有了咀嚼能力，舌头也有了搅拌食物的功能，给宝宝添加其他食品越来越重要。到第8个月，宝宝对食物会显示出比较多的个人爱好，应培养宝宝慢慢适应半固体食物，逐步进入断奶阶段。

7~8月的宝宝在每日奶量不低于500毫升的前提下，应逐渐减少两次奶量，用代乳食品来代替，喂食的类别上可以开始以谷物类为主食，配上蛋黄、鱼肉或肉泥，以及碎菜或胡萝卜泥等做成的辅食，以此为原则，在做法上要经常变换花样，并搭配些香蕉、苹果、梨等碎水果。

此阶段可以让宝宝咬嚼些稍硬的食物，如较酥脆的饼干，来促进牙齿和颌骨的发育。

具体喂法上仍然坚持母乳或配方奶为主，但哺喂顺序与以前相反，先喂辅食，再哺乳，而且推荐采用主辅混合的新方式，为以后断母乳作准备。

宝宝一日饮食安排（6~7个月宝宝）

时间	用量
6：00	母乳或配方奶200~220毫升，馒头片（面包片）15克
9：30	饼干15克，母乳或配方奶120毫升
12：00	辅食（粥）40~60克
15：00	面包15克，母乳或配方奶150毫升
18：30	辅食（面）60~80克，水果泥20克
21：00	母乳或配方奶200~220毫升
注：每天1次给宝宝喂食适量鱼肝油，并保证饮用适量白开水	

宝宝一日饮食安排（7~8个月宝宝）

时间	用量
6：00	母乳或配方奶200~220毫升，馒头片（面包片）25克
9：30	馒头20克，鸡蛋羹20克，母乳或配方奶120毫升
12：00	辅食（水果泥）50克
15：00	蛋糕20克，母乳或配方奶120毫升
18：30	辅食（汤水、菜泥）60克
21：00	母乳或配方奶200~220毫升
注：每天1次给宝宝喂食适量鱼肝油，并保证饮用适量白开水	

🍎 6~7个月宝宝可以吃的食物

蛋黄米粥

原料：大米50克，鸡蛋1个。

调料：白糖少许。

做法：

1 大米洗两遍，沥去水；鸡蛋放锅上蒸熟。

2 沙锅中加入两碗水，烧开后放入大米，边煮边用勺子搅拌，直至熬得黏稠。

3 鸡蛋剥去壳，取出蛋黄，放碗中用勺子碾碎。

4 大米粥盛到碗内，加少许白糖拌匀，上面撒上碎的蛋黄即可。

贴心提示：大米粥不宜太稀薄；淘米时不要用手搓，忌长时间浸泡或用热水淘米。

蒸南瓜

原料：南瓜200克。

做法：

1 南瓜去子和瓜瓤，削去外皮，切成块。

2 将南瓜放入盘子内，隔水蒸熟。

3 待南瓜温凉后即可喂食宝宝。

贴心提示：南瓜含有糖、蛋白质、纤维素、维生素以及钙、钾、磷等多种营养成分，能为宝宝身体发育提供全面的营养。南瓜不可与富含维生素C的黄瓜、番茄等蔬菜水果同食，否则影响维生素的吸收。

蒸猕猴桃

原料：猕猴桃2个约300克。

调料：冰糖适量。

做法：

1 猕猴桃洗净，去皮后切成块。

2 将猕猴桃放入碗中，加冰糖适量，上蒸笼蒸至果肉熟烂即可。

贴心提示：猕猴桃是一种营养价值极高的水果，被誉为"水果之王"。它含十多种氨基酸，以及丰富的矿物质，宝宝常吃猕猴桃可以调节身体机能，增强抵抗力，补充身体发育需要的营养。

胡萝卜甜粥

原料：大米80克，胡萝卜1小段约25克。

调料：白糖少许。

做法：

1 将胡萝卜洗净剁成细末。

2 大米淘洗干净。锅中加水，放入大米烧开。

3 待米煮烂，再将胡萝卜末放入同煮；粥煮烂后，放入白糖即成。

贴心提示：这道美食香甜可口、营养丰富，含胡萝卜素、磷、钙及其他各种维生素。

南瓜洋葱糊

原料：南瓜100克，洋葱30克。

做法：

1 洋葱洗净切碎，放入锅里，加水煮15分钟后捞出，碾成洋葱泥。

2 南瓜去子和瓜瓤，削去外皮，切成块，再放入盘子内，隔水蒸熟后碾成南瓜泥。

3 将洋葱泥和南瓜泥拌在一起即可。

贴心提示：洋葱里的硫化合物是强有力的抗菌成分，洋葱能杀死多种细菌，其中包括造成我们蛀牙的变形链球菌。

蛋黄豌豆糊

原料：豌豆50克，鸡蛋1个，大米30克。

做法：

1 将豌豆去掉豆荚，放进搅拌机中，或用刀剁成豆蓉。

2 将整个鸡蛋煲熟捞起，然后放入凉水中浸一下，去壳，取出蛋黄，压成蛋黄泥。

3 大米洗净，与豆蓉一起加适量水煲约1小时，煲成半糊状，然后拌入蛋黄泥即可。

贴心提示：这道宝宝的美食含有丰富钙质和碳水化合物、维生素A、卵磷脂等营养素。6个月的婴儿开始出乳牙，骨骼也在发育，这时必须供给充足的钙质。此菜是补充钙质的良好来源，同时还有健脑作用，很适宜6个月的宝宝食用。

豆腐蛋黄粥

原料： 豆腐1小块约100克，鸡蛋1个，大米粥小半碗。

做法：

1 豆腐压成碎泥状；鸡蛋煮熟后，取出蛋黄压碎。

2 粥放入锅中，加上豆腐泥，煮开后撒下蛋黄，用勺搅匀，待粥再煮开即可。

贴心提示： 豆腐含钙量丰富，豆腐又是植物性食品中含蛋白质比较高的，含有多种人体必需的氨基酸，还含有动物性食物缺乏的不饱和脂肪酸、卵磷脂等。因此，宝宝常吃豆腐可以保护肝脏，促进机体代谢，增加免疫力，并且有解毒作用。

菠菜粥

原料： 菠菜100克，粳米50克。

做法：

1 将菠菜洗净，放滚水中烫半熟，取出切碎。

2 粳米煮粥后，将菠菜放入，拌匀，煮沸即成。

贴心提示： 菠菜中含有大量的β-胡萝卜素和铁，也是维生素B_6、叶酸、铁和钾的极佳来源。

龙眼大枣粥

原料：龙眼3枚，大枣2枚，糯米50克。

调料：白糖适量。

做法：

1 将龙眼去壳、去核，冲洗干净，切成小块；大枣冲洗干净，剔去枣核；糯米淘洗干净。

2 锅内放入清水、龙眼肉、大枣、糯米，先用旺火煮沸后，再用文火煮至粥成，加入白糖调味即可。

贴心提示：龙眼、大枣、糯米一起熬粥，营养丰富，能使宝宝获得全面而合理的营养素，促进宝宝各器官的生长发育。

草莓麦片粥

原料：燕麦片50克，草莓1个。

调料：白糖少许。

做法：

1 将草莓去蒂，洗净，切成小粒，捣烂备用。

2 坐锅点火，加入适量清水，先放入燕麦片、草莓煮沸，再转入小火煮至粥将成。

3 放入白糖搅拌均匀即可。

贴心提示：燕麦含有大量的优质蛋白质；草莓含有丰富的维生素。这道粥能够为宝宝补充足够的营养，促进宝宝的健康成长。

鸡蛋玉米粥

原料：鸡蛋1个，玉米粒50克，胡萝卜30克，梨30克，水淀粉少许。

做法：

1 鸡蛋取蛋黄打散；胡萝卜、梨分别洗净切碎；玉米粒放入榨汁机中打碎成泥。

2 起锅加入适量清水，淋入蛋黄液，撒入胡萝卜末、梨末、玉米泥，再淋入水淀粉，煮开即可。

贴心提示：这道宝宝美食含有丰富的维生素C、胡萝卜素等物质，有助于增强宝宝机体免疫功能。

香蕉奶酪糊

原料：香蕉50克，奶酪50克，鸡蛋1个，胡萝卜1小段。

调料：牛奶适量。

做法：

1 将鸡蛋煮熟，取出蛋黄，压成泥状备用；香蕉去皮，切成小块，用汤匙捣成泥备用；胡萝卜去皮洗净，放到锅里煮熟，磨成泥备用。

2 将蛋黄泥、香蕉泥、胡萝卜泥和奶酪混合，加入牛奶，调成糊状。

3 将锅置于火上，倒入调好的糊，煮开即可。

贴心提示：蛋黄中含有丰富的维生素A、维生素D和维生素E，这些与脂肪溶解后容易被身体吸收利用，其中所含有的卵磷脂能够促进宝宝大脑的发育；奶酪中含有丰富的钙质和蛋白质，能够促进宝宝牙齿和骨骼的生长发育。香蕉与其搭配食用，还可以帮助宝宝补充能量和预防便秘。

🍎7~8个月宝宝可以吃的食物

鱼肉豆腐

原料： 豆腐、鱼肉各50克，番茄50克，鱼汤1/2碗，葱花、姜末各适量。

调料： 白糖适量。

做法：

1 豆腐洗净，放入沸水中余烫后捞出放入小碗中碾碎；番茄余烫后去皮切碎。

2 起锅烧水，下葱花、姜末，再放入鱼肉煮熟后捞出剔除鱼刺后碾碎。

3 另起锅倒入鱼汤，下鱼肉末、豆腐末、番茄末，大火煮成糊状后加适量白糖即可。

贴心提示： 豆腐宜与鱼肉同食，能够提高豆腐中蛋白质的吸收利用率，提高豆腐的营养价值。

红绿豆粥

原料： 粳米100克，红豆、绿豆各50克。

调料： 白糖适量。

做法：

1 将红豆、绿豆淘洗干净，用清水浸泡4个小时左右。

2 将粳米淘洗干净，与泡好的红豆、绿豆一起放到锅里，加入适量清水，用大火煮开，再用小火煮至米粒开花、豆子熟烂。

3 加入白糖，搅拌均匀，稍煮一会儿即成。

贴心提示： 色泽鲜艳，甜香适口，还有清热解毒、消暑利水的作用，特别适合宝宝夏天食用。

桃仁稠粥

原料：大米(或糯米) 50克，熟核桃仁10克。

调料：白糖少许。

做法：

1 将大米(或糯米) 淘洗干净，用清水浸泡2个小时左右。

2 将熟核桃仁放入榨汁机里打成粉，拣去皮。

3 将大米(或糯米)放入锅中，加入适量清水，先用大火煮开，再转小火熬成比较稠的粥。

4 将核桃放入粥里，用小火煮5分钟左右，边煮边搅拌，最后加入一点点白糖调味即可。

贴心提示：这道粥富含蛋白质、脂肪、钙、磷、锌等多种营养素，其中核桃仁所含的不饱和脂肪酸对宝宝的大脑发育极为有益。核桃里面含的油脂比较多，一次不要给宝宝吃太多，免得对宝宝的脾胃不利。

肉末菜粥

原料：大米、菠菜各50克，肉末10克。

做法：

1 菠菜洗净后煮熟，捞出切碎；大米淘洗干净。

2 起锅，加入适量水，下大米和肉末一同熬粥。

3 待粥熬成时加入菠菜，拌匀即可。

贴心提示：大米具有很高的营养价值，是补充营养素的基础食物，还可提供丰富B族维生素；菠菜含有丰富的胡萝卜素，在人体内转变成维生素A，能维护正常视力和上皮细胞的健康，增加预防传染病的能力，促进宝宝的生长发育。

面包粥

原料： 面包1片，牛奶2大匙。

做法：

1 牛奶放入锅中，面包去边，撕成碎片放入牛奶中。

2 牛奶煮开后熄火，用勺子将面包搅碎即可。

贴心提示： 如果用奶粉冲泡的牛奶可不用煮，直接加入撕碎的面包，搅烂即可。

鸡汁土豆泥

原料： 鸡汤1大匙，土豆50克。

做法：

1 土豆洗干净放入锅中，水没过土豆，中火煮30分钟。土豆捞出去皮后放入料理机打成土豆泥。

2 起锅，倒入鸡汤煮沸，再将煮沸的鸡汤浇到土豆泥上即可。

贴心提示： 土豆富含叶酸，可补充叶酸，有助于宝宝血管神经的发育，非常适宜宝宝食用。

胡萝卜肉末粥

原料：胡萝卜1小段约25克，大米50克，肉末10克。

做法：

1 胡萝卜洗净后煮熟，捞出捣成泥；大米淘洗干净。

2 起锅，加入适量水，下大米和肉末一同熬粥。

3 待粥熬成时加入胡萝卜泥拌匀即可。

贴心提示：这道粥营养丰富，含有丰富的钙质、蛋白质、铁质、胡萝卜素、维生素C及B族维生素，可增强宝宝抵抗力，促进宝宝的身体发育。

猪肉猪肝泥

原料：猪肝、猪肉各30克。

调料：酱油少许。

做法：

1 猪肝洗净，去筋、膜后剁成猪肝泥；猪肉洗净，剁成泥。

2 将猪肝泥和猪肉泥放入碗内，加水、酱油适量搅匀。

3 将混合的猪肝、猪肉泥放入蒸笼蒸熟即可。

贴心提示：猪肉猪肝泥富含蛋白质以及铁、硒等微量元素，可有效防治宝宝缺铁性贫血，增强宝宝视力，促进宝宝免疫系统的发育。

肝末汤

原料：猪肝10克，胡萝卜1/2个，番茄1个，洋葱1/2个。

做法：

1 猪肝洗净，去筋、膜，放入搅拌机绞碎。

2 洋葱和胡萝卜洗净后切碎；番茄余烫后去皮切碎。

3 锅内烧水适量，待水开后下所有原料，大火煮3分钟即可。

贴心提示：此汤富含蛋白质以及各种维生素，能帮助宝宝全面补充营养，预防贫血。

🍎 8~10个月宝宝

宝宝哺喂指导

这个阶段的宝宝可以开始断奶了，母乳充足时不必完全断奶，但不能再以母乳为主。喂奶次数应逐渐从3次减到2次，每天哺乳400~600毫升就足够了。白天应逐渐停止喂母乳，辅食还要逐渐增加，若无特殊情况，一定要耐心加喂辅食，按期断奶。

这个时期的宝宝已经长牙，可以让宝宝啃食硬一点的东西，香蕉、葡萄、橘子可整个让宝宝拿着吃；可增加一些粗纤维的食物，

如茎秆类蔬菜，但要把粗的、老的部分去掉。给宝宝做饭时多采用蒸煮的方法，这样比炸、炒的方式可以保留更多的营养元素，口感也较松软。同时，还保留了更多食物原来的色彩，能有效地激发宝宝的食欲。

蔬菜和水果两类食物不可偏废，不要因为宝宝乐于接受水果而偏废蔬菜。实际上水果和蔬菜各有所长，而且蔬菜还要优于水果，有促进食物中蛋白质吸收的独特优势。

宝宝一日饮食安排 （8~9个月宝宝）

时间	用量
6：00	配方奶或牛奶200~220毫升，馒头片（面包片）30克
9：30	水果泥100~150克
12：00	辅食（软面或软饭）100克
15：00	辅食（鱼肉末或肝末加粥）80克
18：30	鱼汤25毫升，蔬菜泥50克，米粥25克
21：00	母乳或配方奶200~220毫升
注：每天1次给宝宝喂食适量鱼肝油，并保证饮用适量白开水	

宝宝一日饮食安排 （9~10个月宝宝）

时间	用量
6：00	配方奶或牛奶200毫升
9：00	辅食（水果泥或蔬菜泥）150克
10：00	鸡蛋羹（可尝试全蛋）1小碗，馒头片（面包片）30克
12：00	豆奶120毫升，加适量白糖；小饼干20克
14：00	辅食（软饭或稠粥30克，加肉末或肉松2匙）
18：00	辅食（汤面）100克
21：00	母乳或配方奶200毫升
注：每天1次给宝宝喂食适量鱼肝油，并保证饮用适量白开水	

🍎 8~9个月宝宝可以吃的食物

奶酪粥

原料：大米50克，奶酪10克。

做法：

1 将奶酪切成小块，大米淘洗干净。

2 锅内倒入水，煮开后将米放进去，煮成粥。

3 再将奶酪加入粥内继续煮，待奶酪溶化后即可。

贴心提示：奶酪是含钙最高的奶制品，而且它所含的钙很容易被宝宝吸收。奶酪不要和鲈鱼同食，否则容易引起过敏。

肉末番茄面

原料：番茄50克，猪肉50克，儿童挂面50克。

调料：盐、香油各适量。

做法：

1 番茄洗净，氽烫后去皮，切成细末；猪肉洗净，煮熟剁碎成肉末，用香油、盐拌好。

2 将挂面下入煮过肉的水中，开锅后放入番茄末和肉末，继续煮5分钟。

3 盛入碗中，加入香油，拌匀即可。

贴心提示：番茄富含胡萝卜素以及各种维生素，还含有苹果酸、蛋白质、脂肪、糖类、粗纤维、钙、磷、铁等营养物质。宝宝常吃这种面，可以保健防病。

西米水果奶露

原料： 西米30克，配方奶1勺，香蕉30克。

调料： 白糖少许。

做法：

1 西米用冷水浸泡；香蕉去皮后捣碎成泥。

2 锅中放水煮沸，把西米放进煮沸的水里。中大火煮10分钟左右，西米呈半透明状，盖上盖子关火闷15分钟，西米捞出用冷水冲凉。

3 再煮一锅沸水，把过好凉水的西米重新放进沸水里，煮至西米接近全透明时，加入配方奶、香蕉泥、白糖，稍煨后即可。

贴心提示： 西米含有丰富的碳水化合物、蛋白质以及少量的脂肪，加上香蕉和配方奶做成西米露，宝宝会很喜欢吃。

肉末面片汤

原料： 面粉200克，猪肉末、青菜各50克，鸡蛋1个，葱花、姜末各适量。

调料： 酱油适量。

做法：

1 凉水与面粉的比例为1:3，用筷子搅拌成面疙瘩，然后揉成团，再擀成薄片后切成块。将鸡蛋搅拌成蛋液。

2 起锅热油，下葱花、姜末炝锅，下肉末煸炒片刻，加水、酱油烧开。

3 下面片、青菜末，待汤液再煮开时淋入蛋液，待蛋液煮熟即可。

贴心提示： 这道汤营养丰富，含有丰富的钙质、蛋白质、维生素C及B族维生素，可增强宝宝的抵抗力，促进宝宝食欲。葱含有挥发油，油中的主要成分为葱辣素，具有较强的杀菌或抑制细菌、病毒的功效。

山药玉米羹

原料： 山药100克，嫩玉米50克。

做法：

1 山药洗净，削皮切小丁；玉米粒淘洗干净，与山药一起放入榨汁机打碎成泥。

2 将玉米山药泥倒入锅中，加少许水，煮10分钟即可。

贴心提示： 山药含有淀粉酶、多酚氧化酶等物质，有利于脾胃消化吸收功能，可以煲汤或煮给宝宝吃，脆的山药还可以炒肉片，蒸熟了做山药泥吃也很好。

八宝粥

原料：

A：大米150克，薏米、莲子、芡实、桂圆、豌豆、白扁豆各30克。

B：山药、百合、红枣各30克。

调料： 白糖适量。

做法：

1 将所有材料洗净，清水浸泡2个小时以上。

2 材料A放入锅中，加入清水，大火煮沸。

3 加入材料B，改小火慢熬30分钟，出锅加入糖即可。

贴心提示： 八宝粥可为宝宝提供全面的营养，强身健脑，很适合做给宝宝吃。

西蓝豆腐泥

原料：嫩豆腐50克，西蓝花100克，番茄50克。

调料：高汤适量。

做法：

1 番茄洗净，焯烫后去皮，压成泥；豆腐洗净，入沸水中余烫2分钟，取出后压成泥；西蓝花洗净，焯烫后剁成泥。

2 高汤放入锅内烧开，下所有食材，再次煮开后搅拌均匀即可。

贴心提示：西蓝花的蛋白质、碳水化合物、脂肪、矿物质含量都很丰富，而且维生素C的含量比辣椒还要高，它的平均营养价值及防病作用远远超出其他蔬菜，所以多吃西蓝花可以让宝宝更健康。

红薯豆浆泥

原料：红薯50克，豆浆1杯。

做法：

1 红薯削皮，洗净，蒸熟后捣成泥。

2 豆浆煮开后放入红薯泥，搅拌均匀即可。

贴心提示：红薯可切片后再蒸，这样能节约一些时间。红薯富含抗氧化物质，能提高宝宝的免疫力，对宝宝生长发育很有帮助。

胡萝卜牛肉粥

原料：粳米50克，胡萝卜25克，牛肉30克。

做法：

1 胡萝卜洗净，切成碎末；牛肉洗净后用清水泡20分钟，再剁成肉末。

2 粳米洗净后放入沙锅，加清水，大火煮开，转小火熬制。

3 待粥浓稠时，放入胡萝卜末、牛肉末，大火煮开，小火熬15分钟即可。

贴心提示：瘦牛肉蛋白质含量高，而脂肪含量低，是促进婴幼儿生长发育、滋养强身、提高抗病能力的补益佳品。胡萝卜中丰富的胡萝卜素能在体内转变成维生素A，有助于婴幼儿提高自身免疫力，是制作婴幼儿辅食的常用蔬菜。

牛肉软饭

原料： 牛肉50克，大米50克，白萝卜30克。

做法：

1 牛肉洗净，切碎；白萝卜洗净，切小块，再放入开水中焯透。

2 大米淘洗干净，煮成软米饭。

3 牛肉入开水中焯烫，换水煮至熟，放入白萝卜，炖至牛肉软烂，将牛肉盖在软饭上即可。

贴心提示： 给宝宝做的牛肉要煮得久一点，煮到软烂为止，炖的时候不需要加太多调料，可以放少许生姜去除腥味。

蔬菜肝粥

原料： 鸡肝50克，菠菜20克，软米饭1/2碗。

做法：

1 鸡肝刮成蓉；菠菜洗净，用沸水焯一下，再切碎。

2 锅中放油烧热，倒入肝泥略炒，倒入软米饭和水。

3 当水开始沸腾时把火调小，将菠菜末放入锅里，边搅边煮，一直到大米熟烂为止。

贴心提示： 鸡肝质地细腻、味道鲜美，宝宝容易消化，通常是给宝宝添加肝类食物的首选。菠菜含有丰富的胡萝卜素，在人体内可转变成维生素A，能维护正常视力和上皮细胞的健康，增加预防传染病的能力，促进宝宝生长发育。

红枣葡萄干土豆泥

原料： 土豆100克，葡萄干少量，红枣5枚。

调料： 白糖适量。

做法：

1 将葡萄干用温水泡软，切碎；红枣煮熟去皮、去核，剁成泥。

2 土豆洗净，蒸熟去皮，趁热做成土豆泥。

3 将炒锅置火上，加水少许，放入土豆泥、红枣泥、葡萄干、白糖，用小火煮熟即可。

贴心提示： 这款食品富含淀粉及维生素C，是宝宝补血的佳品。

鳕鱼苹果糊

原料： 新鲜鳕鱼肉10克，苹果10克，婴儿营养米粉2大匙。

调料： 冰糖1小块。

做法：

1 将鳕鱼肉洗净，挑出鱼刺，去皮，煮烂制成鱼肉泥。

2 苹果洗净，去皮，放到榨汁机中榨成汁(或直接用小匙刮成苹果泥)备用。

3 锅置火上，加入适量水，放入鳕鱼泥和苹果泥，加入冰糖，煮开，加入米粉，调匀即可。

贴心提示： 鳕鱼含丰富的蛋白质，对记忆、语言、思考、运动、神经传导等方面都有重要的作用。

奶油水果蛋羹

原料：鸡蛋1个，煮苹果30克，黄桃30克，香蕉50克，奶油1匙。

做法：

1 苹果、黄桃、香蕉切碎；鸡蛋取蛋黄，加水搅拌后蒸熟。

2 将水果碎块放入蒸熟的鸡蛋上，淋上奶油即可。

贴心提示：奶油被誉为乳品中的"黄金"，秋冬时节常给宝宝食用一点有助于促进代谢，增强抵抗疾病的能力。

蛋花藕粉

原料：鸡蛋1个，水1/4杯，配方奶1/4杯，藕粉1/2匙。

调料：糖少许。

做法：

1 将藕粉加水搅成水淀粉，加水、配方奶搅拌后放入锅内；将鸡蛋搅成液。

2 藕粉煮沸后淋入鸡蛋液，边煮边搅，最后加糖即可。

贴心提示：鸡蛋含丰富的优质蛋白，还有其他重要的微营养素，宝宝食用蛋类，可以补充奶类中铁的匮乏。蛋中的磷很丰富，但钙相对不足，所以，将奶类与鸡蛋共同喂养婴儿就可营养互补。藕粉除含淀粉、葡萄糖、蛋白质外，还含有钙、铁、磷及多种维生素。

● 番茄鳜鱼泥

原料：番茄50克，鳜鱼100克，葱花、姜末各适量。

调料：盐、白糖、植物油各适量。

做法：

1 番茄洗净，切块；鳜鱼洗净，去除内脏、骨刺，剁成鱼泥。

2 锅置火上，放入适量植物油，烧热后下葱花、姜末爆香，再放入番茄煸炒片刻。

3 放入适量清水煮沸后，加入鳜鱼泥一起炖，加盐、白糖和少许葱花、姜末调味即可。

贴心提示：鳜鱼少刺，适合用来做泥。番茄鳜鱼泥色靓味美，非常好吃，而且补充蛋白质和维生素。

宝宝哺喂指导

11~12个月的宝宝可以彻底断掉母乳了，哺喂要逐步向幼儿方式过渡，餐数适当减少，每餐量增加，每天的食物以一日三餐的辅食为主，两餐之间可以添加点心。

要注意的是，婴儿期最后两个月是宝宝身体生长较迅速的时期，需要更多的碳水化合物、脂肪和蛋白质。宝宝的奶制品应继续补充，奶制品可以补充宝宝所需的蛋白质，奶量可根据宝宝吃鱼、肉、蛋的量来决定，一般来说，每天补充牛奶的量不应该低于250毫升。

这个阶段，宝宝有了一定的消化能力，基本上能吃和大人一样的食物，但由于宝宝的臼齿还未长出，不能把食物咀嚼得很细，因此，饭菜要做得细软一些，以便宝宝消化。辅食的量在以前的基础上应略有增加，选择食物的营养应该更全面和充分，除了瘦肉、蛋、鱼、豆浆外，还有蔬菜和水果，食品要经常变换花样，巧妙搭配，以提高宝宝进食的兴趣。

宝宝现在开始表现出对食品的好恶，爸爸妈妈要合理安排食谱，注意变换烹调方式，以防养成偏食习惯。每次喂餐前半小时，爸爸妈妈可以给宝宝喝20毫升的温开水，增进宝宝食欲。

宝宝一日饮食安排（10~11个月宝宝）

时间	用量
6：00	牛奶250毫升
9：00	馒头片20克，粥60克，蔬菜汤80毫升
10：30	鸡蛋羹1小碗，点心或饼干2~3块，豆浆120毫升
12：00	软饭1碗，肉末20克
14：00	果泥150克，面包1块
18：00	面或饺子120克，碎蔬菜1小碗
21：00	母乳+牛奶250毫升
注：每天1次给宝宝喂食适量鱼肝油，并保证饮用适量白开水	

宝宝一日饮食安排（11~12个月宝宝）

时间	用量
6：00	牛奶250毫升
9：00	鲜肉小包子30克，豆奶150毫升
10：30	蛋糕50克
12：00	软饭35克，鱼、肉汤120毫升，蔬菜泥25克
14：00	水果100~150克
18：00	面或软饭100克，豆类辅食50克
21：00	牛奶250毫升
注：每天1次给宝宝喂食适量鱼肝油，并保证饮用适量白开水	

🍎 10~11个月宝宝可以吃的食物

南瓜通心粉糊

原料：通心粉20克，南瓜50克。

调料：高汤1碗。

做法：

1 通心粉煮熟，剁成碎末；南瓜去皮瓤，洗净，煮熟后捣成泥。

2 锅内放高汤，煮沸后放入通心粉、南瓜泥，煮成糊状即可。

贴心提示：由于宝宝现在肠胃还很不发达，所以通心粉一定要煮得尽量软，以免宝宝无法消化。

软煎蛋饼

原料：面粉50克，蛋黄1个，配方奶少许。

做法：

1 蛋黄搅打均匀，加配方奶混合均匀，再加入面粉，加水搅拌均匀。

2 平底锅放油烧热，将面糊放入摊成饼，煎至金黄即可。

贴心提示：宝宝对钙的摄取量每天都在增加，鸡蛋中含有丰富的钙，很适合宝宝食用，可能的话，应每天都给宝宝安排1~2道鸡蛋类食谱。

苹果酸奶

原料： 苹果1个约100克，酸奶1杯。

做法：

1 苹果洗净，去皮，去核，切成小块，放入大碗中，加少许水，大火煮熟。

2 煮好的苹果放入盘中，浇上酸奶即可。

贴心提示： 苹果可中和过剩的胃酸，促进胆汁分泌，增加胆汁酸功能，所以能够有效治疗脾胃虚弱、消化不良等病症。

苹果蛋黄粥

原料： 苹果1/2个约50克，熟鸡蛋黄1个，玉米粉2大匙。

做法：

1 苹果洗净，切碎；玉米粉用凉水调匀；鸡蛋黄研碎。

2 锅置火上，加入适量清水，烧开，倒入玉米粉，边煮边搅动。

3 烧开后，放入苹果和鸡蛋黄，改用小火煮5~10分钟即可。

贴心提示： 苹果中的锌对宝宝的记忆有益，能增强儿童的记忆力。鸡蛋黄中所含的卵磷脂是脑细胞的重要原料之一，对宝宝的智力发育大有裨益。这道粥宜常食，但一次不宜食太多，以免消化不良。苹果过量食用，反而会导致宝宝便秘。

南瓜饼

原料：南瓜100克，糯米粉100克。

调料：白糖适量。

做法：

1 南瓜洗净切块，大火蒸15分钟，蒸熟后待凉，用勺子压成泥。

2 在糯米粉中加入少量蒸熟的南瓜泥，放入白糖拌匀，揉成饼。

3 往平底锅中倒一薄层油，南瓜饼放入锅里，小火煎至两面金黄即可。

贴心提示：妈妈要注意，每个饼一定要是糯米粉多，南瓜泥少，南瓜泥中含水量非常高，要试着一点一点加，否则面太稀了就煎不出形状了，剩下的南瓜泥可做南瓜粥。

玲珑馒头

原料：面粉适量，发酵粉少许，配方奶1大匙。

做法：

1 将面粉、发酵粉、配方奶混合在一起揉匀，放入冰箱，15分钟取出。

2 将面团切成3份，揉成小馒头。

3 将小馒头放入上汽的笼屉蒸15分钟即可。

贴心提示：小麦含有丰富的维生素E，还含钙、磷、铁及帮助消化的淀粉酶、麦芽糖酶等，宝宝可常食。如果给宝宝吃巧克力，那么要注意，配方奶不宜与巧克力同食。

蛋黄肉糕

原料：蛋黄1个，瘦猪肉泥30克。

调料：淀粉、盐、葱水、香油各少许。

做法：

将蛋黄放入碗内调匀，加入淀粉汁，倒在肉泥碗内，加入葱水、盐搅匀，然后放点香油，上屉蒸20分钟即可。

贴心提示：给宝宝吃时，可将蛋黄肉糕取出，放入干净布中包好，用木板压实，然后切成小块，配素菜食。

● 果汁豆腐

原料：西瓜1块约150克，南豆腐1小块约50克。

做法：

1 西瓜去皮、去子，用榨汁机榨汁。

2 豆腐放开水中煮2分钟，捞出捣碎，放西瓜汁中搅拌均匀即可。

贴心提示：豆腐营养丰富，加上西瓜汁香甜可口，很适合宝宝的口味。

肉末软饭

原料：大米100克，茄子100克，洋葱20克，芹菜10克，瘦猪肉末50克，葱姜末少许。

调料：油、酱油、盐少许。

做法：

1 将米淘洗干净，放入小盆内，加入清水，上笼蒸成软饭待用。

2 将茄子、洋葱、芹菜择洗干净，均切成末。

3 将油倒入锅内，下入肉末炒散，加入葱姜末、酱油搅炒均匀，加入茄子末、洋葱末、芹菜末煸炒断生，加少许水、精盐，放入软米饭，混合后，稍焖一下出锅即成。

贴心提示：饭要蒸成软饭，菜、肉要切末，饭菜混合后要烧透、煮烂，这种做法所用的菜可千变万化，具体放哪种菜适合宝宝口味、营养素需要，可根据时令菜变化灵活掌握。

清蒸鳕鱼

原料：新鲜鳕鱼400克，火腿末50克，葱、姜各适量。

调料：料酒、盐、酱油、淀粉各适量。

做法：

1 将鳕鱼洗净，加入料酒、葱、姜、盐腌20分钟。

2 取出鳕鱼放入盘内，拣去腌过的葱、姜不用，放入葱丝、姜丝、火腿末，放入蒸笼，大火蒸7分钟，取出鳕鱼。

3 将淀粉和少许酱油煮成浓稠状，淋在鳕鱼上即可。

贴心提示：腌鱼时盐不要放太多，清蒸适合清淡点，味道会更鲜美。

鸡肉香菇面

原料：鸡肉20克，小香菇20克，菜心少许，婴儿面适量。

调料：酱油少许，香油1滴。

做法：

1 鸡肉放入锅内煮5分钟，放凉后切丁；小香菇洗净，放入开水中焯烫一下捞出；菜心洗净。

2 锅内放水烧开，下面条煮熟，放入鸡肉、小香菇、菜心拌好，滴入酱油、香油调味即可。

贴心提示：妈妈在市场上选购香菇时要注意，那些特别大、特别艳丽的香菇不要给宝宝吃，因为它们很可能是激素催肥而成，对宝宝可能造成不良影响。

豆干肉丁软饭

原料：豆腐干25克，猪肉丁50克，粳米100克。

调料：盐少许。

做法：

1 粳米淘洗干净，焖熟；豆腐干洗净，切成丁。

2 起锅热油，放入猪肉丁炒3分钟，放入豆腐干、米饭，翻炒片刻后调少许盐即可。

贴心提示：此饭含有大量蛋白质、脂肪、碳水化合物，还含有钙、磷、铁等多种人体所需的矿物质，可以满足宝宝多方面的营养需求。

肉末鸡蛋饼

原料：肉末20克，鸡蛋1个，葱末适量。

调料：盐少许。

做法：

1 肉末加盐、葱末调成肉馅。

2 鸡蛋打成糊，和肉馅一起搅匀，放入锅中，摊成蛋饼即可。

贴心提示：在给宝宝吃的时候，妈妈可以将蛋饼用快刀切成小卷，让宝宝试着用手拿起吃。

海带细丝小肉丸

原料：海带1小块，肉末1勺，葱末、姜末各少许。

调料：盐少许。

做法：

1 海带洗净，切成细丝；肉末、葱末、姜末、盐搅拌成馅料，制成小肉丸。

2 锅中放水烧开，放肉丸、海带丝，再次煮沸后再煮5分钟即可。

贴心提示：科学研究证实，常以豆腐与海带等海藻类食物合吃，对保持良好的思维能力有帮助，妈妈可以在制作时加入一点豆腐泥，制成的丸子营养价值很高。

双色条

原料：胡萝卜1/2根约50克，白菜帮子3片。

调料：生抽少许。

做法：

1 胡萝卜洗净后切成条；白菜帮子洗净后切成条。

2 胡萝卜条、白菜条一起放入开水中焯熟，捞出沥干水，加生抽调味即可。

贴心提示：煮胡萝卜时，必须等水烧开后再下锅，缩短煮的时间，否则胡萝卜的颜色会减退。这道菜红白搭配，很容易吸引宝宝的眼球，激发食欲。

小笼包

原料：面粉500克，肉馅、葱末适量。

调料：盐少许。

做法：

1 将面粉发酵后调好碱，搓成一个一个小团子(大小以适合现在宝宝嘴形为宜)，做成圆皮备用。

2 将肉馅、葱末、盐调和均匀制成馅料。

3 面皮包上馅后，把口捏紧，然后上笼用急火蒸15分钟即可。

贴心提示：小笼包中的汤水比较多，刚出锅时很烫，给宝宝吃的时候要小心，尽量凉到妈妈感觉不会烫嘴了再给宝宝吃。

双色豆腐

原料：内酯豆腐1盒，猪血豆腐1盒，葱花少许。

调料：鸡汤适量，水淀粉各少许。

做法：

1 内酯豆腐和猪血豆腐分别取1/3盒，切成小方块，放入沸水中，煮沸后捞出码在盘子里。

2 炒锅里放入鸡汤，再放入葱花，煮开后加水淀粉兑成芡汁，将芡汁淋到豆腐上即可。

贴心提示：猪血中含丰富的铁，可为宝宝补血，可预防宝宝缺铁性贫血。

虾蓉小馄饨

原料：虾仁50克，干香菇10克，小馄饨皮5片，紫菜少许。

调料：肉汤2碗，盐、香油各少许。

做法：

1 将虾仁切碎；泡开的香菇、紫菜除去水分，切碎。

2 将虾仁和紫菜、香菇混合，拌成馅，并用馄饨皮包好。

3 锅置火上，倒入肉汤，烧开，放入馄饨，加入盐，煮熟，淋上香油即可。

贴心提示：香菇含有蘑菇多糖，常吃香菇可以提高人体的免疫功能，增强人体的抗病能力。香菇具有极强的吸附性，必须单独贮存，即装贮香菇的容器不得混装其他物品，贮存香菇的地方不宜混贮其他物质。

宝宝喂养难题

Q：妈妈上班了，怎样给宝宝喂奶

妈妈上班之后仍然不妨碍喂母乳，可以将母乳挤出保存起来，在需要的时候喂给宝宝。

妈妈可以将挤出的母乳放入有盖子的干净玻璃瓶、塑料瓶或是母乳袋中，并且密封好，同时记得不要装满瓶子，因为冷冻后的母乳会膨胀，另外也应该在瓶子上写上挤奶的日期与时间，方便之后使用。

上班前半个月，妈妈就可以开始练习挤奶、喂奶，上班前、下班后的时间都直接喂母乳，其他正常喂奶时间就将母乳挤出放在瓶子里保存，吃奶时间将其加热后放在奶瓶里喂食。

—贴心提示—

工作场所如果没有冰箱，可用保温瓶，预先在瓶内装冰块，瓶子冷却后再将冰块倒出，装进收集好的乳汁。

Q：储存后的母乳怎么使用

母乳有保质期，其储存有三种状态：常温、冷藏、冷冻。这三种方法的保存时间是不同的，一旦过期就不能再食用，储存时一定要标明时间：

1 挤出来的奶水放在25℃以下的室温6~8个小时是安全的。

2 放在冷藏室可保存5~8天。

3 冰箱中独立的冷冻库可放3个月。

4 −25℃以下的超强冷冻柜可放置6~12个月。

不同保存状态的母乳使用的方法不同：

常温和冷藏状态的母乳可加热后喂给宝宝。

冷冻室的母乳喂食前需要先拿到冷藏室或室温下解冻，然后再加热喂食。

加热时最好是放在热水里隔水热，不要用微波炉或者蒸煮的方式，以免破坏营养。

已经解冻的奶水不能再次放回冷冻室冷冻，但可以放在冷藏室，在4小时内仍可食用；从冷藏室取出加温的奶，不能再次冷藏，吃不完就应扔弃。

—贴心提示—

母乳袋一般有50毫升、80毫升、100毫升、160毫升、200毫升等不同容量供选择，建议依照宝宝一餐的奶量选用适合的容量，并依照产品指示将封口密封后写上储存日期。

Q：怎样判断宝宝可以吃辅食了

4~6个月的宝宝大多数可以开始添加配方奶以外的辅食了，具体什么时候可以添加不妨关注一下以下的这些信号：

1 开始对大人吃饭感兴趣。大人咀嚼食物时，宝宝目不转睛地盯着大人的嘴巴看，还发出"吧唧吧唧"的声音。

2 不再有推吐反射。如果把小勺放到宝宝嘴唇上，他就张开嘴，而不是本能地用舌头往外推。

3 可以吞咽食物。把少量泥糊状食物放到宝宝嘴里，宝宝已经能够顺利地咽下去。

4 此外，还要注意一点：看宝宝有没有能力拒绝，在不想吃东西时，如果宝宝已经知道用闭嘴、转头等动作对大人们送过来的食物表示拒绝，说明宝宝有了判断饥饱的能力，这时就可以放心地为宝宝添加辅食了。

─贴心提示─
> 添加辅食要在宝宝身体健康的时候进行，宝宝生病或对某种食品不消化，则不能添加甚至应暂停添加辅食。

Q：宝宝不爱喝白开水怎么办

宝宝不爱喝白开水一般是因为喝惯了果汁。让宝宝喝白开水时一定要有耐心，抓住时机适当引导，不要强迫宝宝喝白开水，以免引起宝宝的逆反心理，变得更不喜欢喝水。

开始可以先减少果汁和饮料的摄入量，或把果汁稀释到极淡的时候给宝宝喝，逐渐让宝宝接受味道比较淡的水，慢慢过渡到白开水。

在宝宝感觉到饿的时候，妈妈可以先给宝宝喂一两勺白开水，然后再让宝宝吃奶粉，吃饱后再给宝宝喂一点水，每次都这样做，可以让宝宝逐渐养成喝白开水的习惯。

─贴心提示─
> 每次吃完奶或辅食，妈妈可以给宝宝喝一小口白开水，一来可以漱口、保持口腔卫生；二来可以让宝宝习惯白开水。

Q：可以给宝宝喝纯净水或矿泉水吗

纯净水和矿泉水（包括矿物质水）都不适宜给宝宝喝。

目前市场上的纯净水有效地去除了钙、镁、铁、锰、锌、硅等无机物，特别是那些日常膳食中无法摄取或摄入量极少的微量元素，如氟、锶等，基本无营养元素。婴幼儿生长发育需要的矿物质一部分是从水中得到，长期饮用纯净水，会对健康带来不利的影响。

矿泉水是含有某些微量元素的天然地下水，每种矿泉水含有的微量元素不尽相同，给宝宝喝的矿泉水里含有的矿物质可能并不是宝宝所需要的，甚至喝了这种矿泉水，反而造成某种微量元素过量，同时抑制了其他矿物质的吸收，这样长久下去对宝宝有害。

选择矿泉水时应该看看里面含有的矿物质是不是宝宝所缺乏的。

> ─贴心提示─
> 一般来说，现在的自来水都能够达到国家制订的标准，有效地保留了大量人体所需的营养元素，可以将自来水作为饮用水，喝烧开的自来水最好。

Q：宝宝什么时候可以喝牛奶

宝宝在1岁以内，妈妈都要坚持给宝宝喂母乳、婴儿配方奶粉或二段配方奶粉，一定要等到宝宝1岁以后再喝牛奶，因为牛奶里的铁含量不足，不适合1岁之前的宝宝饮用。

一旦宝宝到了1岁，就可以用杯子给他喝牛奶。牛奶能提供必要的蛋白质、钙、镁、

维生素B_{12}和维生素B_2，宝宝每天最少应喝350毫升牛奶，这也可以用酸奶、奶酪、豆腐等来代替。但是也要注意，每天牛奶喝足就够，不要喝太多，否则宝宝会没有胃口再吃其他饭菜。

> ─贴心提示─
> 1~2岁的宝宝最好是喝全脂牛奶，因为它能提供宝宝活动所需的脂肪能量，脂肪内也包含必要的维生素A和维生素D，如果撇去了脂肪，维生素也就减少了。

Q：宝宝特爱吃零食怎么办

要是给零食的方式不当，不但对宝宝的身体健康不利，还会养成宝宝一闹就要拿零食来哄的坏习惯。在给宝宝零食时，一定要把持住几个原则：

1 时间要到位。如果在快要开饭的时候让宝宝吃零食，肯定会影响宝宝正餐的进食量。因此，零食最好安排在两餐之间，最好在饭前2小时。如果从吃晚饭到上床睡觉之间的时间相隔太长，这中间也可以再给一次。这样做不但不会影响宝宝正餐的食欲，也避免了宝宝忽饱忽饿。

2 不可让宝宝不断地吃零食。这个坏习惯不但会导致宝宝肥胖，而且如果嘴里总是塞满食物，食物中的糖分会影响宝宝的牙齿，造成蛀牙。

3 不可无缘无故地给宝宝零食。有的妈妈在宝宝闹时就拿零食哄他，也爱拿零食逗宝宝开心或安慰受了委屈的宝宝。与其这样培养宝宝依赖零食的习惯，不如在宝宝不开心时抱抱宝宝、摸摸他的头，在他感到烦闷时拿个玩具给他解解闷。

Q：宝宝不爱吃辅食怎么办

4~6个月是宝宝尝试吃辅食的阶段，要一个一个食品的尝试，并且要从少量开始，从细的到粗的，从稀的到稠的。要用勺子喂宝宝，不能用奶瓶喂辅食。

从习惯吸食乳汁到吃接近成人的固体食物，宝宝需要有一个逐渐适应的过程；从吸吮到咀嚼、吞咽，宝宝需要学习另外一种进食方式，这一般需要半年或者更长的时间。所以宝宝不爱吃辅食只是暂时的现象，或者是喂食方法需要改进。

宝宝在学吃辅食的时候，会用舌头把食物顶出来，有时候会达到6~8次，所以，妈妈一定要有耐心，不要认为孩子将食物顶出来就表明孩子不喜欢，这是不对的，要坚持喂。妈妈可以尝试在宝宝比较满足、比较欢乐的状态下进行添加辅食，这样更容易成功。

孩子学会了吃辅食，就要经常提供给他吃，如米粉、蔬菜泥、水果、蛋黄等，并且在6个月前不要添加盐。

如果宝宝讨厌某种食物，也许只是暂时性不喜欢，可以先停止喂食，隔段时间再让他吃，在此期间，可以喂给宝宝营养成分相似的替换品。

Q：宝宝爱吃甜食怎么办

对于甜食，不是说宝宝绝对不能吃，而是应给予一个合理的比例。宝宝可以从甜食中得到蛋白质、脂肪、碳水化合物、无机盐、维生素、膳食纤维、水和微量元素，但吃得太多，就会使他的味觉发生改变，必须吃很甜的食物才会有感觉，导致宝宝越来越离不开甜食，甜食也越吃越多，而对其他食物缺乏兴趣。

过多地吃甜食还会影响宝宝生长发育，导致营养不良、龋齿、"甜食依赖"、精神烦躁、加重钙负荷、降低免疫力、影响睡眠以及内分泌疾病。

饭前饭后以及睡觉前不要给宝宝吃甜食，吃完甜食后要让宝宝漱口，控制宝宝每天吃甜食的量。同时，父母也要控制自己吃甜食的量，父母榜样的力量是无穷的。

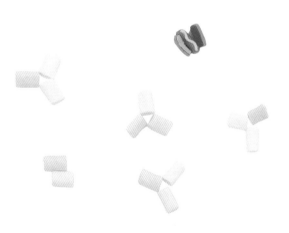

Q：宝宝挑食怎么办

一开始，宝宝表现出来的挑挑拣拣，是无意识的、盲无目的的，包含着一定的游戏成分，这个时候一定要注意到，并且不要因为觉得好玩就一味地迁就，否则容易养成宝宝挑食的坏习惯，造成某些营养素缺乏，影响生长发育。

平时，妈妈可以试着从多个方面对宝宝进行良好的饮食习惯培养：

1 避免边进食边做其他事情，创造一个良好进食环境。

2 用语言赞美孩子不愿吃的食物，并带头品尝，故意表现出很好吃的样子。

3 孩子对吃饭有兴趣后，家长要经常变换口味，以防孩子对某种食物厌烦。

4 从婴儿期就适时给孩子添加蔬菜类辅食，如蔬菜汁或蔬菜水；1岁左右就可以吃碎菜了，可以把碎菜放入粥或面条中。

5 包子、饺子等有馅食物大多以菜、肉、蛋等做馅，这些食物便于孩子咀嚼吞咽和消化吸收，且味道鲜美、营养全面，对于不爱吃蔬菜的孩子不妨给他们吃些带馅食品。

贴心提示

切不可发现宝宝不吃某种食物，以后就不再做，也不能强迫宝宝进食，或者大声责骂他，这样一旦形成了条件反射，吃饭便成了一种"苦差事"，反而欲速则不达。

Q：宝宝不喜欢吮奶瓶怎么办

很多小宝宝出生几个月后，妈妈要上班，不得不将奶水挤出用奶瓶喂养宝宝或者因其他原因需要给宝宝添加配方奶的时候，宝宝却拒绝吮奶瓶，不管奶瓶里是母乳还是配方奶。

其实妈妈不必为此苦恼，因为宝宝几个月以来已习惯直接吮吸母乳，母乳的气味、吮吸方式以及同妈妈互动等方面早已深刻地印在宝宝脑海里，不容易作改变或调整，妈妈应该十分欣慰宝宝与妈妈如此亲密。宝宝拒绝吮吸母乳时，建议妈妈维持直接吮吸的方式，不要作任何更改为佳。

如果妈妈因为偶尔外出不能持续让宝宝直接吮吸，可以暂时1~2次用杯子、滴管喂食即可。如果妈妈要上班而无法在白天亲自直接哺喂母乳，而必须改以其他方式的话，仍可以选择以杯子、滴管喂食，而不一定需要以奶瓶喂；当然，若仍希望用奶瓶喂食，就需要先多多和宝宝沟通，然后以渐进的方式，先依照宝宝需求来喂食瓶装母乳，多次尝试将母乳润湿宝宝嘴唇边以及奶嘴边，鼓励宝宝吮吸舔食，而后再放入奶嘴与奶瓶即可。

贴心提示

妈妈不要因为小宝宝不吸吮奶瓶伤脑筋并失去耐心，只要按照渐进的方式来对待宝宝，温柔细致，同时，选择更适合宝宝的奶嘴，相信一定会成功的。

Q：怎样断奶更正确

断奶绝对不能采取突然的方式，在辅食的添加过程中，有一个生理性的"厌奶期"，一般是在4~6个月的时候，此时宝宝比较容易接受除奶之外的食物，并试图在口腔的运动中学会吃辅食。

宝宝自4个月开始添加辅食，可逐渐地增加品种，一般6~7个月就可以吃稀饭或面条，随着辅食的增加相应地减去1~3次母乳，到10~12个月基本预备充分就可以断奶了。当然，断奶的时间不一，但最佳的时间是10~12个月，最迟不要超过2岁。

断奶最好选择在春、秋两季。因为夏天宝宝消化能力差，容易引起消化道疾病；而冬天气候又太冷，宝宝会因为断奶而睡眠不安，从而容易感冒等。如果宝宝生病了，先别忙着给宝宝断奶，母乳中的免疫因子正是宝宝所需要的，母乳也是适合患儿的"流食"。

┌ 贴心提示 ─────────

断奶与辅食添加是平行进行的，断奶前后辅食添加并没有明显变化，断奶也不该影响宝宝正常地进食辅食。

└───────────────

Q：宝宝贫血怎么办

宝宝贫血后通常表现为皮肤苍白，有的宝宝还会出现心跳过快、呼吸加速、食欲减退、恶心、腹胀、精神不振、注意力不集中、情绪易激动等症状。

宝宝贫血主要是因为铁吸收不足，多发生在出生4个月以后，此时母乳中的铁不足以满足需要，如果没有在辅食中及时添加，就会导致贫血。一些不良的饮食方式，如营养过剩、偏素食、吃油腻导致的肠胃超负荷、过食冷饮、暴饮暴食等，都会引起消化紊乱，进而引发铁吸收障碍。

妈妈一定要及时增加补铁辅食：

1 给宝宝增加动物的肝脏、瘦肉、鱼肉、鸡蛋黄等含铁量高且易吸收的辅食。

2 多让宝宝吃富含维生素C的食物，如橘子、橙子、番茄、猕猴桃等，可以促进铁的吸收利用。

3 用铁制炊具如铁锅、铁铲来烹调食物，有助于促进铁元素的吸收。

另外，还要注意让宝宝养成健康均衡的进食方式和习惯。

贫血较重的宝宝可以考虑服食补铁制剂，且应在医生的指导下进行。铁剂服用后，可使宝宝大便变黑，这是正常现象，停药后会消失。

┌ 贴心提示 ─────────

妈妈可给宝宝适当补充强化铁的食品，但是不可盲目补充，因为含铁强化食品既不是营养药，也不是预防和保健药品，妈妈如果随便购买，甚至是当做一般食品给宝宝吃，很容易引起铁中毒，危害宝宝的健康。

└───────────────

Q：怎样断掉夜奶

妈妈可以通过有计划的安排和坚定的决心，使宝宝不再吃夜间这次奶。

首先，断掉半夜的奶，让宝宝慢慢习惯少吃一次奶的生活。为了防止宝宝饿醒，白天要尽量让宝宝多吃，睡前一两小时可以再给宝宝喂点米粉或者奶，临睡前的最后一次奶要延迟，量也可以适当加大。即使宝宝半夜醒来哭闹，也不要给他喂奶，可以用手轻拍宝宝，哄他睡觉。

其次，断掉临睡前的奶。宝宝睡觉时，可以改由爸爸或其他家人哄宝宝睡觉。宝宝见不到妈妈，肯定要哭闹一番，但是实在没办法，也就会慢慢适应，临睡前的奶自然也就断掉了。

┌─ 贴心提示 ─────
断奶刚开始的时候，宝宝肯定会大哭大闹，只要妈妈坚持，宝宝闹的程度就会一次比一次轻，最后断奶也就成功了。
└──────────────

第3章

1~2 岁

宝宝过渡到以普通食物为主食

1~2岁宝宝身体发育情况

1岁的宝宝体重约为出生时的3倍，身长增加了25厘米左右，而1岁以后的宝宝生长发育的速度比1岁前明显减退，宝宝饮食的量也有所减少，这是因为宝宝的身体需要减少，自然吃得会少一些，妈妈不必担心。

月 龄	身 长	体 重	出牙情况
13~15个月宝宝	76.96~78.3厘米	9.6~10.21千克	4~12颗
15~17个月宝宝	78.73~80.0厘米	9.95~10.55千克	8~16颗
17~18个月宝宝	80.4~81.6厘米	10.33~10.88千克	10~16颗
18~20个月宝宝	82.2~83.46厘米	10.69~11.24千克	12~20颗
20~22个月宝宝	84.26~85.56厘米	11.3~11.69千克	16~20颗
22~24个月宝宝	86.6~87.9厘米	11.66~12.24千克	16~20颗

1~2岁聪明宝宝怎么吃

🍎 1岁至1岁半宝宝

宝宝哺喂指导

转眼间，宝宝已经1岁，他开始进入幼儿期。他已经会走会讲，也已经可以跟成人一起吃饭，这时宝宝的营养要点是：

1 这个阶段宝宝跟大人饮食结构基本差不多了，每天都要摄取足够的主食、肉类、水果、蔬菜。

2 给宝宝做饭最好别放味精，盐放一点点就行，要比大人吃得淡。宝宝的食品应当尽量细、软、烂，以利于营养成分的吸收。

3 此阶段及以后是宝宝智力发育的黄金阶段，多吃富含卵磷脂和B族维生素的食物，大豆制品、鱼类、禽蛋、牛奶、牛肉等食物都是不错的选择。应尽量避免宝宝食过咸的食物，含过氧化脂质的食物，如腊肉、熏鱼等；避免食含铅的食物，如爆米花、松花蛋等；

避免食含铝的食物，如油条、油饼等，以免妨害宝宝的智力发育。

4 宝宝这个时候可以吃大部分谷类食品了，小米、玉米中含胡萝卜素，谷类的胚芽和谷皮中含有维生素E，应该让宝宝适量摄入。但是，谷类中某些人体必需氨基酸的含量低，不是理想的蛋白质来源。而豆类中含有大量这类营养物质，因此，谷类与豆类一起吃可以达到互补的效果。

5 宝宝1岁后，很多水果都可以吃了，为了避免宝宝吃水果后出现皮肤瘙痒等过敏现象，有些水果在喂前可煮一煮，如菠萝、杧果等。

6 这个阶段乳品不再是宝宝的主食，但尽量保证每天饮用牛奶，以获取更佳的蛋白质，在保证一日三餐主食的同时，要保证宝宝每天喝两次奶，总量应保持在400~500毫升。

宝宝一日饮食安排

时间	用量
8：00	牛奶250毫升，小点心几块
10：00	饼干3~4片，酸奶1/2杯
12：00	软饭或稠米粥1小碗，鱼或肉50克，菜叶汤半碗
15：00	水果适量，蛋糕或其他小点心1块
18：00	面或饺子，海带丝炒肉丝
21：00	牛奶1/2杯

宝宝哺喂指导

这个阶段的宝宝，生长速度明显慢于1岁以前，对食物的需求量也相对减少，所以对饭菜也不像以前那么感兴趣了。但为了保证宝宝营养的需求，又不能任由宝宝食欲或增或减，因此，妈妈可以变着花样地给宝宝做适合宝宝口味，但同样能满足营养物质摄取的食物。

宝宝的主食以米、面、杂粮等谷类为主，是热能的主要来源；蛋白质主要来自肉、蛋、乳类、鱼类等食物；钙、铁和其他矿物质主要来自蔬菜，部分来自动物性食品；维生素主要来自水果、蔬菜。

在这个时期，要给宝宝多吃肉、鱼、蛋、牛奶、豆制品、蔬菜、水果、米饭、馒头等食物，以保证宝宝生长发育所需的各种营养素。在主食方面要注意粗、细粮的搭配，不要只吃粗粮或细粮，要轮着吃，或是混合着吃。

为了蛋白质的充分摄入，可以在宝宝的饮食中添加一些牛奶和鸡蛋。另外，可以给宝宝吃一些高钙的食物，以满足宝宝骨骼与牙齿发育的需求。

与植物类食品相比较，宝宝更容易从肉类食品中摄取铁质，所以要强调肉类的重要性，平均每天给宝宝吃15~30克的肉食。

这个阶段，宝宝膳食中盐、糖、脂肪等仍受限制，新鲜蔬菜、水果、食用瘦肉等要保证供应，全麦粉面包或粗粮仍是提倡的对象。

宝宝一日饮食安排

时间	用量
8：00	牛奶1/2杯，营养粥1碗
10：00	酸奶1/2杯，小肉卷或蔬菜饼适量
12：00	软米饭，营养菜
15：00	水果，饼干或小点心
18：00	软饭或馒头或面，营养菜和汤

菠萝葡萄杏汁

原料：葡萄100克，菠萝100克，杏3个约50克。

做法：

1 将葡萄、杏洗净，取出核；菠萝去皮。

2 所有水果均切成小块，放入榨汁机中榨汁即可。

贴心提示：葡萄和菠萝本身甜味十足，因此可以不必再加糖。果汁打好后，妈妈可以先行尝试，如果觉得太甜，可以兑一些温水。宝宝每天吃水果不宜过量，杏更不能多吃，每次3~5个为宜。

菠萝香橙汁

原料：菠萝1块约200克，柳橙1个约50克。

调料：果糖适量。

做法：

1 菠萝切小块，加适量冷开水打汁。

2 柳橙洗净，带皮对半切块，加适量冷开水打汁。

3 将菠萝汁和柳橙汁混合，加入果糖搅匀即可。

贴心提示：菠萝香橙汁香味宜人，味甜鲜美。含丰富的维生素及铁、钙、蛋白质和粗纤维，可帮助宝宝消化、健脾解渴。水果打成果汁后应该尽量保存果渣一起饮用。

什锦蛋羹

原料：鸡蛋2个，海米10克，番茄酱（或鲜番茄末）50克，菠菜末50克。

调料：盐、香油、水淀粉各适量。

做法：

1. 将鸡蛋磕入碗内，加盐和100毫升温开水搅匀，入笼大火蒸15分钟，呈豆腐脑状，待用。

2. 炒锅内放入清水半杯，水开后放入海米、菠菜末、番茄末、盐少许，菜熟后用水淀粉勾芡，淋上香油，浇在蛋羹上即可。

贴心提示：妈妈要注意，打蛋液时要加凉开水或温水，不能加生自来水；勾芡不能太稠，否则影响菜的口感。

鲜虾冬瓜燕麦粥

原料：虾仁20克，冬瓜20克，燕麦片50克。

调料：料酒、盐各少许。

做法：

1. 将虾仁洗净，剁成蓉；冬瓜洗净，切成丁。

2. 炒锅置火上，放油烧热，倒入虾蓉和冬瓜略翻炒一下，用少许料酒去腥。

3. 加入一杯水和燕麦片，煮开后转中火煮约1分半钟，加盐调味即可。

贴心提示：妈妈可以将此粥配以100毫升牛奶和一个水果（约100克）便可以成为一份营养均衡的早餐。不妨将冷藏的鲜牛奶直接冲入刚煮好的燕麦粥中，既能降低粥的温度，又能够使口感更爽滑。

虾肉菜饼

原料：面粉100克，虾肉50克，瘦猪肉50克，大白菜100克。

调料：盐、葱姜水、花椒水、香油各适量。

做法：

1 面粉用少量开水烫一下，放凉，加适量温水和成面团待用。

2 猪肉和虾肉一起剁成泥，放入盐、葱姜水、花椒水、香油拌匀；大白菜洗净，切碎，放入肉泥中拌匀成馅。

3 面团揉匀，擀成薄片，包入准备好的馅料，收口，用手按扁，放入平底锅烙，边烙边放油，烙至金黄色，加入适量清水焖一焖，熟透即可。

贴心提示：和面团时可以加入少许糯米粉，这样面团更柔软，烙出来的饼更滑更香软。

炒乌龙面

原料：煮好的乌龙面适量，高丽菜50克，胡萝卜10克，香菇1朵，鸡肉末5克，熟芝麻少许。

调料：盐、酱油各少许。

做法：

1 高丽菜、胡萝卜、香菇洗净，切成丝。

2 锅中放油烧热，放入鸡肉末和蔬菜，翻炒片刻后加入乌龙面和少许水，炒煮片刻后加盐、酱油炒匀，撒上熟芝麻即可。

贴心提示：乌龙面易于消化吸收，有改善贫血、增强免疫力的功效。妈妈在煮乌龙面时可以加少许盐，再过冷水，这样可以使得面条更加筋道，有韧性。

三色花蕊卷

原料：面粉200克，面肥50克，枣泥馅150克，蛋黄2个，蜜樱桃(或番茄)少许。

调料：香油、酵母各少许。

做法：

1 面粉加入面肥、温水和成面团，待酵面发起，加入酵母液揉匀，稍饧，待用。

2 蛋黄打散，取一半面团，加入蛋黄揉成黄面团，饧一会儿再揉，待蛋黄与面团揉匀为止。

3 另一半面团擀成薄面片，抹上枣泥；蛋黄面团也擀成同样大的面片，盖在枣泥面上，即成三色面层，上面再抹一层香油，将三色面层折叠三层，用快刀切成小面剂。

4 取5个小面剂刀口朝上排拢，将面剂尾部捏紧，使之黏合在一起，再用筷子夹紧面剂的2/3处，使其呈花蕊状。在蕊尖处沾上少许樱桃末，码入屉内，用旺火蒸12分钟即熟。

贴心提示：妈妈在做面团时，要将蛋黄面揉匀，面片擀得要薄厚均匀，面剂要用快刀切，这样层次才分明。

三鲜豆腐

原料：豆腐、蘑菇各50克，胡萝卜、油菜各40克，姜、葱各少许，海米10克。

调料：酱油1小匙，盐、水淀粉、高汤各适量。

做法：

1 将海米用温水泡发，洗干净；豆腐洗净切片，投入沸水中余烫一下捞出，沥干水备用。

2 将蘑菇洗净，放到开水锅里焯一下，捞出来切片；胡萝卜洗净切片；油菜洗净，沥干水；葱切丝；姜切末。

3 锅内加花生油烧热，下入海米、葱、姜、胡萝卜煸炒出香味，加入酱油、盐、蘑菇，翻炒几下，加入高汤。

4 放入豆腐，烧开，加油菜，烧沸后用水淀粉勾芡即可。

贴心提示：豆腐和海米都是含钙丰富的食物，胡萝卜、油菜则可以为妈妈补充丰富的维生素。豆腐中的植物蛋白和海米中的动物蛋白搭配，能够提高两者的吸收利用率。这道菜可以为宝宝补充富蛋白质及钙、锌等营养素，有利于宝宝的生长发育。

鸡肉粥

原料：粳米50克，鸡胸肉20克。

调料：盐适量。

做法：

1 粳米洗净，浸泡30分钟；鸡胸肉汆烫后切块。

2 锅中加水，放入鸡胸肉和粳米。

3 大火煮沸后，转小火熬至粥稠肉烂，加盐调味即可。

贴心提示：此粥含有丰富的蛋白质，并且还含有身体所需的钙、铁、维生素等多种营养物质，是大脑完成记忆所必需的，有很好的补脑功效。

鲅鱼饺子

原料：鲅鱼200克，肥肉20克，鸡蛋1个，韭菜、饺子皮各适量。

调料：葱姜水、盐、香油各适量。

做法：

1 鲅鱼洗净，去皮；韭菜择好，洗净，切碎。

2 肥肉和鲅鱼一起剁成肉泥，放入鸡蛋搅匀，加入葱姜水，与韭菜一起拌匀，加盐、香油调好。

3 将鲅鱼馅包入饺子皮中，包好的饺子入锅煮熟即可。

贴心提示：煮饺子的水放点盐和油，饺子皮不易破，也不容易粘连。煮时最好敞锅煮，水开下饺子，第一次煮开后，加冷水再煮开，如此反复三次，饺子皮可以保持筋道不易破。

金银蛋饺

原料： 鸡蛋2个，瘦肉、肥肉各适量，葱姜末各少许。

调料： 精盐、水淀粉各适量。

做法：

1. 将鸡蛋磕破，把蛋清、蛋黄分别打入两只碗内，每碗加入水淀粉、精盐，用筷子打散搅匀。

2. 肉洗净，剁成肉末，加盐、葱姜末调成馅。

3. 将炒菜勺在火上烧热，用小匙取蛋清一匙，倒入手勺内，摊成小圆蛋皮，加上肉馅包成蛋饺，同样用蛋黄也做相同数量。

4. 二色蛋饺各放碗内一边，蒸上10分钟取出即成。

贴心提示： 摊蛋皮要用铁勺摊，不能用铝勺摊，铝受热太快，容易煳。蛋皮摊好后立刻加馅包蛋饺，蛋凉了，就包不成蛋饺了，摊皮时在勺子底部用葱抹点油，以防止粘底。

猴头菇菜心

原料： 油菜心100克，番茄50克，猴头菇10克（干），姜末适量。

调料： 料酒、盐适量，素鲜汤1碗，水淀粉2大匙。

做法：

1. 将油菜心放入沸水中稍余烫捞出；番茄切月牙瓣。

2. 将猴头菇泡发，切薄片，放入沸水中余烫片刻，捞出凉凉，加入1大匙水淀粉。

3. 锅中加水烧开，下入猴头菇，待菇片浮起，捞出过凉后放入碗内。

4. 另起锅，加入植物油烧热，放入姜末炒出香味，加入素鲜汤、盐、料酒，大火烧开。将一半汤汁浇在猴头菇上，然后将猴头菇上笼蒸40分钟左右。

5. 40分钟后，将菜心、番茄放入锅内，略烧后捞出，盛入盘内，再把蒸猴头菇的汤倒入锅内，将猴头菇扣在盘子里菜心的中间。

6. 将锅内剩余的汤汁烧开，用1大匙水淀粉勾芡，浇在猴头菇和菜心上即可。

贴心提示： 猴头菇中含有的不饱和脂肪酸，可以帮助宝宝提高免疫力。

蝴蝶卷

原料： 面粉200克，面肥50克，熟火腿末、鸡蛋末各适量。

调料： 香油、酵母各少许。

做法：

1 将面粉加入面肥、温水200毫升和成面团，待酵面发起，加入酵母液，揉匀。

2 稍饧后将面团擀成薄片，抹上香油，分别撒上熟火腿末和鸡蛋末，卷起，快卷到头时留下一点不卷，切成较薄的小片。

3 取两个小片，未卷上的一头朝上，对称放好并拢，用尖头筷从片的下端的1/3处夹紧，即成为两个大圈和两个小圈。

4 卷头未卷的部分散开作为蝴蝶的两根触须；两个大圈头和小圈头捏尖，成为蝴蝶的大小翅，码入屉内，用旺火蒸。

贴心提示： 生坯之间要留出一定的空隙，以免蒸好后粘在一起。

番茄米饭卷

原料： 软大米饭100克，洋葱20克，胡萝卜、番茄各15克，鸡蛋1个。

调料： 盐少许。

做法：

1 胡萝卜、番茄、洋葱分别洗净，切成碎末。鸡蛋打散，用平底锅摊成一张蛋皮。

2 炒锅放油烧热，下入洋葱末、胡萝卜末炒软，加入米饭、番茄末拌匀，加盐调味。

3 将炒好的米饭平摊在蛋皮上，卷成卷，再切成段。

贴心提示： 宝宝的饭菜可以稍微软烂一点。

青鱼炖黄豆

原料： 青鱼肉200克，干黄豆20克，葱花、香菜末、蒜片、姜片各适量。

调料： 盐、酱油各适量。

做法：

1 黄豆洗净用冷水浸泡1晚，鱼肉洗净。

2 起锅热油，放鱼肉两面煎熟，放酱油、葱花、蒜片、姜片炒香。

3 加黄豆和适量的水，煮至黄豆熟透后加盐调味，再撒上香菜末即可。

贴心提示： 青鱼中除含有丰富蛋白质、脂肪外，还含丰富的硒、碘等微量元素；黄豆中所含的卵磷脂是大脑细胞组成的重要部分，宝宝常吃黄豆对改善大脑有重要的效能。

海鲜馄饨

原料： 虾仁、鳕鱼肉、豆腐各25克，胡萝卜、小白菜心、小油菜心、紫菜丝各10克，鸡蛋1个，馄饨皮10张。

调料： 酱油、香油各适量。

做法：

1 虾仁、鳕鱼肉洗净，剁碎；小白菜心和小油菜心洗净，切碎；胡萝卜洗净，切细丝；豆腐压成泥；鸡蛋取蛋黄打散备用。

2 将虾仁、鳕鱼、豆腐、小白菜心、香油、植物油拌匀成馅，包入馄饨皮中。

3 沸水锅中加入馄饨、胡萝卜，大火再次煮沸，加入小油菜心焖3分钟，打入蛋黄，撒入紫菜丝，倒入酱油、香油少许，煮开关火即可。

贴心提示： 做海鲜馅，妈妈可以备下一些姜汁，调馅时随手搁一点进去，可以起到去腥提鲜的作用。

绿豆水晶包

原料：香薯粉300克，绿豆、猪肉各100克，虾仁50克，水发冬菇30克，火腿25克，葱末少许。

调料：盐、料酒、胡椒粉、明矾各适量。

做法：

1 将绿豆压碎，用开水泡一会儿，去掉豆壳，放在屉布上，上笼蒸烂成绿豆泥，取出备用。

2 猪肉洗净，剁成肉泥；冬菇、火腿均切成细末；虾仁切成细粒。

3 锅置火上，放油烧热，先投入葱末煸出香味后，放入肉泥、冬菇末、火腿末、虾仁粒、绿豆泥，略炒一下，烹入料酒，加入盐、胡椒粉，炒熟成馅心。

4 香薯粉放入盆内，加入明矾，冲入沸开水，拌和，揉成团，切成小剂子，逐个用擀面棍擀成直径6~7厘米的薄圆形皮子，放入馅心，包成包子形，上笼沸水大火蒸15分钟即可。

贴心提示：刚包好的水晶包底面可以蘸些猪油再蒸，这样包子不会粘在蒸锅的底部，包子蒸出来味道会很香。

菜心炒腐竹

原料：腐竹80克，青菜心40克，胡萝卜20克，水发木耳20克。

调料：料酒、酱油、白糖、清汤、水淀粉、盐适量。

做法：

1 腐竹用清水泡发，洗净，切成菱形；木耳洗净，去蒂，撕成小朵；青菜心洗净，切断；胡萝卜洗净，切菱形片。

2 将上一步中的所有材料分别入沸水锅中焯透后捞出。

3 锅置火上，放油烧热，倒入腐竹、木耳、青菜心、胡萝卜煸炒，烹入料酒，放入酱油、白糖调味，加少许清汤，烧沸后放盐，用水淀粉勾芡即可。

贴心提示：妈妈可以将腐竹事先多浸泡一会儿，因为腐竹不泡软很难炒烂，宝宝咀嚼起来会有困难。

菠菜炒鸡蛋

原料： 菠菜200克，鸡蛋1个，葱末、姜末各适量。

调料： 盐、料酒、香油各少许。

做法：

1. 菠菜洗净后切段，放入开水中烫一下，捞出后用凉水浸一下待用；鸡蛋加盐在碗中打散。

2. 炒锅置火上，将油烧热，倒入鸡蛋炒熟，盛出待用。

3. 炒锅再烧热，放油，下葱末、姜末爆香，烹入料酒。

4. 下菠菜、盐，煸炒至菠菜断生，然后放入炒好的鸡蛋，翻炒均匀。

5. 加香油炒匀即可。

贴心提示： 鸡蛋含有丰富的蛋白质、脂肪、维生素和铁、钙、钾等人体所需要的矿物质，对宝宝神经系统和身体发育有利，能健脑益智，改善记忆力；菠菜性甘凉，能养血、止血、敛阴、润燥，可防治宝宝便秘。

黑米粥

原料： 黑米50克。

调料： 红糖适量。

做法：

1. 将黑米洗净，在冷水里浸泡2个小时。

2. 将黑米放入锅内加清水熬至浓稠时，再放入红糖，改用小火熬煮1小时。

贴心提示： 黑米是一种蛋白质高、维生素及纤维素含量丰富的食品，还含有人体不能自然合成的多种氨基酸和矿物质等，有补血益气的功效。

鱼香鸽蛋

原料：鸽蛋10个，豌豆淀粉、葱、姜各适量，泡椒10个，冰糖5克。

调料：高汤适量，豆瓣、酱油各1小匙，醋、白糖、盐各少许。

做法：

1 将鸽蛋洗净入锅煮熟，剥去壳，逐个在豌豆淀粉中滚过。葱、姜、泡椒切丝，豆瓣剁细。

2 酱油、盐、白糖、醋放到一个小碗里，加上剩余的淀粉，兑成芡汁。

3 锅中加花生油烧热，放入鸽蛋炸至金黄色，捞出控油。

4 锅中留少许底油，加入冰糖，用小火化开，放入葱丝、姜丝、泡椒丝、豆瓣，大火炒出香味。

5 加入适量高汤烧沸后倒入芡汁，待汤汁浓稠时，淋在鸽蛋上即可。

贴心提示：鸽蛋具有极高的营养价值，民间常有"一鸽抵九鸡"之说。这道菜可以为宝宝补充丰富的优质蛋白质、磷脂、铁、钙、维生素等营养素。

海带鱼头汤

原料：鲢鱼头1个约500克，水发海带100克，姜片、葱段适量。

调料：盐、香油适量，胡椒粉、料酒各少许。

做法：

1 海带洗净切丝；鲢鱼头去鳃洗净后剁成小块。

2 把鲢鱼头、海带丝、姜片、葱段放入瓦煲内，加入适量水、料酒，加盖，用小火煲半小时。

3 加入胡椒粉、盐、香油调味即可。

贴心提示：鲢鱼头的蛋白质含量很高，还含有钙、铁、脂肪、维生素D，营养物质的含量非常丰富；海带中含有丰富的碘，碘不仅是甲状腺制造甲状腺素的原料，还能促进蛋白质合成。

糖渍柠檬

原料：鲜柠檬2个。

调料：白糖适量。

做法：

1 柠檬去皮、核，切小块，放入锅中加适量白糖腌24小时。

2 锅置火上，将腌渍出少许汁水的柠檬和汁水一起倒入锅中，用小火煨至汁干。

3 将柠檬装盘凉凉，拌入少许白糖即可。

贴心提示：柠檬酸汁有很强的杀菌作用；柠檬还能促进胃中蛋白分解酶的分泌，增加胃肠蠕动，促进消化。

胡萝卜饼

原料：胡萝卜1个约100克，面包100克，面包渣适量，鸡蛋1个，牛奶适量。

调料：白糖少许。

做法：

1 胡萝卜洗净，切碎，放入沸水锅中（水刚好浸过胡萝卜为宜），焖煮15分钟。

2 面包去皮，放牛奶里浸泡片刻，取出后和胡萝卜一起研碎，打入鸡蛋（留少许蛋清备用）、白糖，调匀，做成小饼。

3 在小饼上涂抹打成泡沫的蛋清，蘸取面包渣，放入油锅中，煎熟即可。

贴心提示：做煎饼时火不能太旺，最好用小火多煎一会儿，以免饼外面焦里面生。

清汤鱼面

原料：面粉80克，活草鱼肉50克，火腿丝10克，黄豆芽25克，鸡蛋1个，葱末、姜末各适量。

调料：料酒、盐、清汤、干淀粉各适量。

做法：

1. 鱼肉用刀背砸成泥，挑去刺，再用刀剁成泥；黄豆芽洗净；葱末、姜末用清汤泡上。

2. 面粉、淀粉掺在一起，用鱼泥、鸡蛋、葱姜水和成面团，反复揉搓，用布盖上饧一会儿，擀成韭菜叶宽的面条。

3. 烧开水下入面条煮熟，投入黄豆芽，捞出放入碗内，撒上火腿丝。

4. 烧开清汤，下入盐、料酒调好口味，浇在面条上即可。

贴心提示：面条在氽烫时火不能太大，以免将面条煮烀，影响口感，使宝宝不爱吃。烧水时保持在80℃左右为好。

紫菜蛋汤

原料：鸡蛋1个，紫菜10克，葱花少许。

调料：香油、盐各适量。

做法：

1. 紫菜洗净撕碎，放入汤碗内；鸡蛋打散。

2. 炒锅置火上，放油烧热，下葱花炝锅，加入适量清水。

3. 煮开后放盐，淋鸡蛋液，待蛋花浮起，淋上香油，放入紫菜即可。

贴心提示：这道美食含有丰富的碘、钾、钙、磷、铁和蛋白质、维生素A、维生素C等多种营养素。这些成分可滋补宝宝身体，对增进宝宝大脑的功能大有裨益。

海带豆腐汤

原料：豆腐200克，海带50克，姜丝适量。

调料：盐适量。

做法：

1 豆腐洗净，切成方块；海带洗净，切成条。

2 锅内加适量清水，放入海带、姜丝，大火煮开后转小火煮至海带变软。

3 下豆腐块，加盐调味，煮5分钟即可。

贴心提示：海带含丰富的碘，对人体十分有益，可治疗甲状腺肿大和碘缺乏而引起的病症；豆腐中含量丰富的大豆卵磷脂，有益于神经、血管，对大脑的发育生长有显著功效。

香菇烧面筋

原料：油面筋150克，新鲜香菇、竹笋、油菜各50克，水淀粉1小匙。

调料：酱油2大匙，白糖2小匙，料酒少许，盐适量。

做法：

1 把油面筋切成小方块；香菇洗净后从中间切开成小片。

2 锅内注入清水，烧沸，放入竹笋氽烫片刻，捞出沥干，切片备用。

3 另起锅，放油烧至六成热，先把香菇、笋片、油菜下锅煸炒，片刻后加水适量，倒入面筋继续煮。

4 等汤汁烧到浓稠时，加入各种调料炒匀，用水淀粉勾芡即可。

贴心提示：香菇含有丰富的精氨酸和赖氨酸，宝宝常吃香菇，可健脑益智。

清炒猪血

原料： 猪血200克，姜、蒜适量。

调料： 料酒、盐各1小匙。

做法：

1 将猪血清洗干净，切成大块备用；姜、蒜洗净切成丝备用。

2 将锅置于火上，加入适量清水烧沸，放入猪血块汆烫片刻，捞出沥干水分，改切成小块。

3 锅内加入植物油烧至七成热，倒入猪血，加入料酒、姜、盐，翻炒均匀，起锅前加蒜拌匀即可。

贴心提示： 猪血中含有丰富的铁质，能够帮助宝宝快速补铁，预防缺铁性贫血；其中所含的优质蛋白质，能够为宝宝提供丰富的营养，促进身体的健康成长；猪血中所含有的微量元素可以帮助宝宝提高身体的免疫力。

两米芸豆粥

原料： 小米、粳米各50克，芸豆20克。

做法：

1 将小米、粳米淘洗干净，浸泡1小时。

2 芸豆淘洗干净，加小米、粳米和适量水，熬煮成粥即可。

贴心提示： 粳米具有补中益气、健脾养胃、益精强志、和五脏、通血脉、聪耳明目、止烦、止渴、止泻的功效；小米有清热解渴、健胃除湿、和胃安眠等功效，还具有滋阴养血的功能；芸豆有提高人体免疫能力、增强抗病能力、激活淋巴T细胞、促进脱氧核糖核酸的合成等功能。

清蒸茄子

原料： 茄子200克，蒜蓉适量。

调料： 酱油、香油各适量。

做法：

1 将茄子洗净，切去两头，隔水蒸熟，撕成粗条。

2 酱油、香油、蒜蓉在碗中拌匀，浇在茄子上即可。

贴心提示： 这道美食可以为宝宝补充蛋白质、脂肪、碳水化合物、维生素以及钙、磷、铁等多种营养成分。

苦瓜豆腐汤

原料： 苦瓜1/2根约300克，豆腐100克，水淀粉适量。

调料： 香油、盐适量。

做法：

1 苦瓜洗净切片；豆腐切块。

2 坐锅点火倒油，加苦瓜片翻炒数下，倒入沸水，放入豆腐块。

3 加盐调味煮沸，用水淀粉勾薄芡，淋上香油即可。

贴心提示： 苦瓜虽苦，但宝宝吃了可以生津止渴、消暑解热、去烦渴。苦瓜富含维生素C，可以促进人体对铁的吸收利用。如宝宝不喜欢苦味，可以将切好的苦瓜放入开水中汆一下，或放在无油的热锅中干煸一会儿，或用盐腌一下，都可减轻它的苦味。

肝糕鸡泥

原料：猪肝25克，鸡胸脯肉20克，鸡蛋2个。

调料：鸡汤(或肉汤)、盐、香油各适量。

做法：

1 猪肝洗净，剁成细泥；鸡胸脯肉洗净，用刀背砸成肉泥；肝泥与鸡泥放入大碗中，兑入温鸡汤。

2 鸡蛋打入另一个碗中，充分打散后，倒入肝泥碗中，加适量盐充分搅打，放入笼中蒸10分钟左右，淋上香油即可。

贴心提示：猪肝切得越细越好，完全无渣最好，蒸的时候要注意火候，不宜火太大，以免肝糕出蜂窝孔，也不可火太小，以免蒸不熟，给宝宝吃的时候，可以用刀将肝糕切成小块。

黄花熘猪腰

原料：猪腰1个约400克，干黄花菜20克，葱1/2根，姜2片，蒜2瓣。

调料：盐、白糖各适量，水淀粉1大匙。

做法：

1 将猪腰剔去筋膜和臊腺，洗净，切成小块，剞上花刀。

2 黄花菜用水泡发，撕成小条备用；葱洗净切段，姜切丝，蒜切片，备用。

3 锅内加入植物油烧热，放入葱、姜、蒜爆香，再倒入腰花，煸炒至变色。

4 加入黄花菜、白糖、盐，煸炒片刻，用水淀粉勾芡即可。

贴心提示：黄花菜含有丰富的卵磷脂；猪腰中含有丰富的蛋白质、维生素和矿物质。两者搭配食用，能够为宝宝补充丰富的营养，促进神经系统和大脑的发育。

花生粥

原料：粳米50克，花生仁、大枣各20克。

调料：冰糖适量。

做法：

1 花生仁浸泡5小时；大枣洗净去核；粳米淘洗干净。

2 将所有材料加适量水以大火煮沸，转小火煮至花生仁熟软。

3 加冰糖续煮5分钟即可。

贴心提示：这道粥有补血、促进血液循环、增强宝宝体力、增强抵抗力的效果。

豆奶玉米布丁

原料：豆浆300克，鸡蛋2个，玉米酱(罐头)100克。

调料：白糖适量。

做法：

1 将鸡蛋打散备用。

2 豆浆加热至40℃，再加入蛋液和糖，用筷子或打蛋器顺同方向搅拌均匀，随即过筛2次，再加入玉米酱搅拌均匀，制成布丁液。

3 将布丁液倒入杯中，盖上一层保鲜膜，放入电饭锅中蒸12分钟即可。

贴心提示：很多妈妈会在给宝宝喂豆浆还是牛奶的问题上犹豫，觉得豆浆更健康，又怕错失牛奶的营养。要特别提醒的是，3岁以下的宝宝不要用豆浆代替牛奶或其他奶制品，1岁以后，妈妈可以开始给宝宝喝鲜牛奶。

菠萝牛肉片

原料： 牛肉200克，菠萝100克，鸡蛋1个，番茄沙司适量。

调料： 盐、淀粉各适量。

做法：

1 将牛肉洗净，切成薄片，用蛋清、淀粉拌匀；将菠萝去皮、去心，切成薄片备用。

2 锅内加油烧热，倒入牛肉片，滑炒几下，待肉色变了后即可盛出，备用。

3 锅内留底油，倒入菠萝片翻炒均匀，加盐、清水，大火烧开，煮3分钟后下入牛肉，然后加番茄沙司。

4 烧沸后转小火，继续烧5分钟，用水淀粉勾芡，即可出锅。

贴心提示： 菠萝性味甘平，具有健胃消食、补脾止泻、清胃解渴等功效，菠萝中还含有一种叫菠萝朊酶的物质，能够分解蛋白质。所以牛肉在与其搭配食用的时候，妈妈不必担心宝宝会有消化不良的情况发生。

酥麦饼

原料： 玉米粉50克，鸡蛋液、小麦面粉150克，泡打粉5克，三花淡奶50克。

调料： 黄油、白糖各适量。

做法：

1 小麦面粉内加入玉米粉、三花淡奶、鸡蛋液、泡打粉、黄油、白糖拌匀，和成面团。

2 将面团揪成大小均匀的小块，揉成小圆饼，用模具按压成形，刻成梯田形花纹，放入平底锅中，烙至两面呈金黄色即可。

贴心提示： 小麦具有养心安神的功效，如果宝宝容易紧张，妈妈可以适当多用小麦来做食物。

香香骨汤面

原料：龙须面100克，猪或牛胫骨或脊骨50克，青菜适量。

调料：盐、米醋各适量。

做法：

1 将骨砸碎，放入冷水中用中火熬煮，煮沸后酌加米醋，继续煮30分钟；青菜洗净，切碎。

2 将骨取出，取清汤，将龙须面下入骨汤中，将洗净、切碎的青菜加入汤中煮至面熟，加盐推匀即可。

贴心提示：骨汤富含钙、蛋白质、脂肪、碳水化合物、磷和多种维生素，可为正在快速增长时期的宝宝补充丰富的营养，预防软骨症和贫血。妈妈可以在汤面中加少许当季青菜及烂肉，既丰富又美味。

宝宝喂养难题

Q：宝宝吃得多为什么长不胖

一般来说，吃得多的宝宝长得相对胖一点，但如果宝宝吃得多却总长不胖，妈妈就需要看看宝宝是否消化不良，还需要从食物上找找问题所在。

如果宝宝消化功能差，吃得多，拉得也多，食物不能被充分吸收利用，这样就长不胖。妈妈平时需要培养宝宝良好的饮食习惯，饮食应定时、定量。

如果宝宝所食用的食物蛋白质、脂肪等含量长期偏低，体重也不会增加，宝宝的食物应该以丰富、均衡为原则。

另外，还要看看宝宝每天所需营养素的量是否跟得上，1岁多的宝宝活动量加大，如果每天所摄取的营养素跟不上宝宝运动量的需要的话，宝宝就长不胖。

不可忽视的一点，就是当宝宝有某种内分泌疾病的时候，他也可能表现为吃得多而体重下降，体质虚弱，此时应该带宝宝去医院全面体检，查出原因，及时治疗。

贴心提示

宝宝出生后定期体检一定要按时做，这样能及时发现宝宝的身体异常，不至于影响到宝宝生长发育。

Q：宝宝不喜欢吃肉怎么保证营养

宝宝之所以不爱吃肉，大多是因为肉比别的食物咀嚼起来费力，因此，做肉食一定要软、烂、鲜嫩。

另外，给宝宝多食蛋白质类食物，如奶类、豆类、鸡蛋、面包、米饭、蔬菜等。如果每日平均喝2杯奶、吃3~4片面包、1个鸡蛋和3匙蔬菜，折合起来的蛋白质总量就有30~32克。

贴心提示

如果宝宝不爱吃肉，虽然不必过于担心，但也不能完全放弃做肉类食物，应该变着花样地做一些，让宝宝慢慢接受。

Q：哪些食物有损宝宝大脑发育

腌渍食物：包括咸菜、咸肉、咸鱼、豆瓣酱以及各种腌制蜜饯类的食物，含有过高盐分，不但会引发高血压、动脉硬化等疾病，而且会损伤脑部动脉血管，造成脑细胞的缺血、缺氧，造成宝宝记忆力下降、智力迟钝。

过鲜食物：含有味精的食物将导致周岁以内的宝宝严重缺锌，而锌是大脑发育最关键的微量元素之一，因此即便宝宝稍大些，也应该少给他吃加有大量味精的过鲜食物，如各种膨化食品、鱼干、泡面等。

煎炸、烟熏食物：鱼、肉中的脂肪在经过200℃以上的热油煎炸或长时间暴晒后，很容易转化为过氧化脂质，而这种物质会导致大脑早衰，直接损害大脑发育。

含铅食物：过量的铅进入血液后很难排除，会直接损伤大脑。爆米花、松花蛋、啤酒中含铅较多，传统的铁罐头及玻璃瓶罐头的密封盖中，也含有一定数量的铅，因此这些罐装食品妈妈也要让宝宝少吃。

含铝食物：油条、油饼，在制作时要加入明矾作为涨发剂，而明矾(三氧化二铝)含铅量高，常吃会造成记忆力下降、反应迟钝，因此妈妈应该让宝宝戒掉以油条、油饼做早餐的习惯。

贴心提示

合理地给孩子补充一些营养食物可以起到健脑益智的作用，反之，如果不注意食物的选择，孩子爱吃什么就让他毫无限制地吃什么，就可能不利于身体甚至大脑发育。

Q：哪些食品有健脑益智的作用

宝宝满1岁后，体重已经达到出生时的3倍，身高达到出生时的1倍半，其间宝宝大脑的早期发育也最快，应该多给宝宝添加富含优质蛋白、油酸及亚油酸等不饱和脂肪酸及DHA的婴幼儿辅食，让宝宝更加健康和聪明。

鸡蛋：主要含有人体必需的8种氨基酸、丰富的卵磷脂以及钙、磷、铁等，有益于大脑的发育。

核桃：核桃中所含脂肪的主要成分是亚油酸甘油酯，它可供给大脑基质的需要，而其含有的微量元素锌和锰是脑垂体的重要成分，可健脑。

香蕉：能帮助大脑制造一种化学成分——血清素，这种物质能刺激神经系统，对促进大脑的功能大有好处。

苹果：苹果含有丰富的锌，可增强记忆力，促进思维活跃。

鱼类：DHA、EPA等不饱和脂肪酸(称脑黄金)主要存在于鱼脑中，是宝宝神经和脑

发育不可缺少的营养素，摄入足够量的脑黄金可提高脑神经细胞的活力，促进宝宝智力发育。

─ 贴心提示 ─

　　很多妈妈只给宝宝喝鱼汤，不给宝宝吃肉。其实营养大都在鱼肉中，正确的吃法是既吃肉又喝汤。

Q：乳酸菌饮料是奶吗

　　市售的乳酸菌饮料虽然也标明含有乳酸菌、牛奶等成分，并且也都冠以某某奶，但实际上其中只含有少量的牛奶，其中蛋白质、脂肪、铁及维生素的含量都远低于牛奶。一般酸奶的蛋白质含量都在3%左右，而乳酸菌饮料只有1%。

　　因此，从营养价值上看，乳酸菌饮料远不如酸奶，绝对不能用乳酸菌饮料代替牛奶、酸奶来喂宝宝。

─ 贴心提示 ─

　　所谓奶通常是指鲜奶、纯奶、酸奶及各种奶粉，长期喝乳酸奶或乳酸菌饮料，会使宝宝的生长发育受到很大影响。

Q：适合宝宝的健康零食有哪些

　　科学地给宝宝吃零食是有益的，因为零食能更好地满足宝宝对多种维生素和矿物质的需要。在三餐之间加吃零食的宝宝，比只吃三餐的同龄宝宝更容易获得平衡的营养。

　　有营养的零食应当选择季节性的蔬菜、水果、牛奶、蛋、豆浆、豆花、面包、马铃薯、甘薯等，即使是小半个橘子、几片苹果、半个煮鸡蛋，少半罐的酸奶，都完全可以作为适当的零食。

　　含有过多油脂、糖或盐的食物，如薯条、炸鸡、奶昔、糖果、巧克力、夹心饼干、可乐和各种软饮料等，都不适合作为宝宝的零食。

　　零食宜安排在饭前2小时吃，量以不影响正常食欲为原则，1~3岁宝宝胃的容量在200

毫升左右，一般零食的量应在几十毫升内，否则会影响下一餐的食欲。

─贴心提示─

如果宝宝没有吃零食的要求，也不必强迫宝宝一定要吃零食。有时，宝宝肚子有些饥饿感会对吃下一餐更有好处。

Q：宝宝不爱吃蔬菜怎么办

到了1岁以后，一些宝宝对饮食流露出明显的好恶倾向，不爱吃蔬菜的宝宝也越来越多，但是不爱吃蔬菜会使宝宝维生素摄入量不足。

改善宝宝不爱吃蔬菜的方法：

1 妈妈要为宝宝做榜样，带头多吃蔬菜，并表现出津津有味的样子。千万不能在宝宝面前议论自己不爱吃什么菜、什么菜不好吃之类的话题，以免对宝宝产生误导。

2 应多向宝宝讲吃蔬菜的好处和不吃蔬菜的后果，有意识地通过讲故事的形式让宝宝懂得，吃蔬菜可以使身体长得更结实、更健康。

3 要注意改善蔬菜的烹调方法。给宝宝做的菜应该比为大人做的菜切得细一些、碎一些，便于宝宝咀嚼，同时注意色、香、味、形的搭配，增进宝宝食欲。也可以把蔬菜做成馅，包在包子、饺子或小馅饼里给宝宝吃，宝宝会更容易接受。

─贴心提示─

如果宝宝只对个别几样蔬菜不肯接受时，妈妈不要采取强硬手段，不必太勉强，可通过其他蔬菜来代替，也许过一段时间宝宝自己就会改变的。

Q：宝宝每天可以吃多少水果呢

虽然水果中含有丰富的维生素和其他营养物质，口感也好，宝宝通常会喜欢吃，但吃得过量也会引起不适。对于营养不良的宝宝来说，加重了蛋白质的摄入不足；对于肥胖的宝宝来说，大量摄入高糖分水果进一步加重了肥胖，不利于减肥。

餐前不要给宝宝吃水果，因为宝宝的胃容量还比较小，如果在餐前食用水果，就会占据一定的容积，从而影响宝宝正餐的营养素的摄入。最佳的做法是，把食用水果的时间安排在两餐之间，或是午睡醒来后，这样，可让宝宝把水果当做点心吃。

宝宝每天吃水果类150~250克即可，比如两片苹果可以在午饭晚饭之间吃，早午餐之间吃小半个橘子，睡前2小时吃1~2颗杏帮助消化和睡眠。

─贴心提示─

特别需要注意的是，不能用果汁代替水果，果汁是水果经压榨去掉残渣而制成的，会使水果的营养成分如维生素C、膳食纤维等发生一定量的损失，平时喝果汁最好自己做，并且做完后马上就喝。

Q：怎样培养宝宝的咀嚼能力

近年来，儿童食品呈求精、求软的趋势，不少父母总喜欢让自己的宝宝常吃些细软的食物，这样虽有利于消化和吸收，但宝宝若长期吃细软食物，会影响牙齿及上下颌骨的发育，宝宝会出现不会咀嚼的现象。

父母应尽早培养宝宝吃饭细嚼慢咽的习惯，在指导的过程中一定要有耐心，可以把吃饭变成游戏，如告诉宝宝："妈妈嚼一下，宝宝嚼一下。"使宝宝慢慢掌握吃饭的进度。

常吃些粗糙耐嚼的食物，也可提高宝宝的咀嚼功能，宝宝平时宜吃的一些粗糙耐嚼的食物有：白薯干、肉干、生黄瓜、水果、萝卜等。

> **贴心提示**
>
> 乳牙的咀嚼是一种功能性刺激，有利于颌骨的发育和恒牙的萌出，对于保证乳牙排列的形态完整和功能完善很重要。

Q：宝宝可以吃汤泡饭吗

宝宝刚刚会吃饭的时候，妈妈想让他吃得快一点，常常用汤泡饭，慢慢地，宝宝会养成每次吃饭都想用汤泡饭的习惯，其实，用汤泡饭对宝宝有害无益，不宜采用。

汤泡饭对宝宝的不利影响有：

1 长期食用汤泡饭，宝宝会养成囫囵吞枣的习惯，除了难以养成良好的进食习惯，还会使咀嚼功能减退，咀嚼肌萎缩，严重的会影响成人后的脸形。

2 大量汤液进入胃部，会稀释胃酸，影响消化液分泌，从而影响消化吸收，即使宝宝吃得饱，营养却没吸收多少。

3 由于不经咀嚼就吞咽食物，会大大增加胃的负担，长此以往，宝宝在很小的年龄就可能生胃病。

4 宝宝的吞咽功能差，吃汤泡饭，很容易使汤液、米粒呛入气管，造成危险。

5 长期吃汤泡饭还容易使宝宝养成惰性，对待什么事情都敷衍塞责、马马虎虎。

> **贴心提示**
>
> 宝宝吃饭时，应尽量让他细嚼慢咽，即便多花时间，也不要催促，吃不下时也不要勉强，等饿了再吃也成。

Q：补钙剂需要吃到几岁

宝宝正处于骨骼和牙齿生长发育的重要时期，对钙的需要量比成人多，因此，要及时而适当地给他补钙。

根据我国儿童膳食调查，我国儿童膳食中钙的含量仅仅达到需要量的30%~40%，应该补充不足的钙量为150~300毫克，直到2岁或2岁半。

　　如果是人工喂养的宝宝，应在出生后2周就开始补充鱼肝油和钙剂。如果母乳不缺钙，母乳喂养儿在3个月内可以不吃钙片，只需要从出生后2周或3周开始补充鱼肝油，尤其是寒冷季节出生的宝宝。

贴心提示

　　补钙的同时一定要补充维生素D，2~3岁后最好通过食物来满足生长发育所需要的钙质，如有特殊情况请医生来决定。

Q：补钙过量有什么危害

　　每个宝宝缺钙的程度各不相同，因而补钙多少也不同，一定要遵医嘱，过量地补钙对宝宝的身体发育会造成很大的危害。

1 可使宝宝囟门过早闭合，有可能限制脑发育。

2 骨骼过早钙化、闭合也会影响骨发育，影响宝宝的身高。

3 骨中钙的成分过多，会使骨骼变脆、易折，还会使宝宝食欲缺乏，影响肠道对其他营养物质的吸收，导致便秘及缺磷。

4 过量服用钙制剂，会抑制人体对锌元素的吸收。有缺锌症状的宝宝应慎重服用钙剂，宜以食补为主。

　　所以说，钙虽然是宝宝成长必需的元素之一，但也不是补得越多越好。如果宝宝骨骼线过早闭合，不长个儿，则可能是体内钙沉积过多，不能再给宝宝补钙。

贴心提示

　　有的父母误解了钙的作用，以为单纯补钙就能给宝宝补出一个健壮的身体，把钙片作为"补药"或"零食"长期给宝宝吃，这是错误的。盲目给宝宝吃钙片，很有可能造成体内钙含量过高而引起宝宝身体不适。

Q：什么食物会影响钙的吸收

　　在补钙的同时，妈妈要注意让宝宝少吃那些不利于钙吸收的食物。抑制钙吸收的因素包括食物中含有的草酸、植酸、脂肪酸和钠（盐）等，草酸可与食物中的钙形成不溶性钙盐，抑制钙吸收。

　　蔬菜如竹笋、菠菜、苋菜，就含有草酸盐、磷酸盐等盐类，它们与钙相结合生成多聚体而沉淀，所以蔬菜中钙的生物利用率非常低。如果在食用菠菜等蔬菜前，用开水先把它们焯一下，这样对钙的吸收会好一些。

　　另外，油脂类食品不能与补钙剂一起吃，因为油脂分解后会生成脂肪酸，它与钙结合形成奶块，不易被肠道吸收，钙最终会随大便排出体外，这将影响对钙的吸收。

Q：如何促进钙的吸收

　　维生素D可以增进钙在肠道中的吸收度，加强补钙的效果，宝宝需要经常到户外晒太阳，这样可以促进体内维生素D的合成。开始时每天15分钟左右，逐渐延长，一般最好每天在户外晒太阳的时间不少于2小时。对于宝宝来说，上午10点和下午2点的阳光最适合。

　　橘子汁或鱼肝油与钙补充剂一起吃，可以很好地促进钙的吸收，需要注意的是，夏天不补，冬天必补，春秋天酌情补。要综合全面考虑宝宝各方面的情况，最好在医生指导下服用。

　　如果用钙片补钙，注意不要和牛奶一起吃，而应该在喂奶后的1~2小时后，待宝宝胃中的食物大部分排空后再给宝宝补钙。

　　如果服用补钙制剂，最好在医生的指导下进行，以免补钙过量，对宝宝不利。

Q：可以用豆奶代替牛奶吗

　　豆奶是以豆类为主要原料制成的，含有较多的蛋白质及镁、B族维生素等，对大人来说，是一种较好的健康饮品，但不宜经常给宝宝饮用，更不能以豆奶代替牛奶。

　　豆奶与牛奶相比，蛋白质含量与牛奶相近，但维生素B_2只有牛奶的1/3，尼克酸、维生素A、维生素C的含量则为零，铁的含量虽然较高，但不易被人体所吸收，钙的含量也只有牛奶的一半。

　　因此，宝宝以喝牛奶为主比较好，可适当喝些豆奶，1千卡热量的牛奶中，有188毫克的胆固醇，豆奶则不含胆固醇，饱和脂肪酸也较低，尤适宜肥胖宝宝和对乳糖过敏的宝宝，但豆奶绝对不能完全代替牛奶。

Q：怎样帮宝宝改掉用奶瓶喝东西的习惯

　　大多数儿科医生会建议宝宝在1岁左右开始丢掉奶瓶，到1岁半的时候坚决不再使用，如果宝宝不愿意配合，妈妈可以尝试这样做：

　　为使事情进展顺利，妈妈可以先从午餐开始，逐渐发展到晚上和早上不用奶瓶，最后再到临睡前也不用奶瓶给宝宝喂东西。

　　如果宝宝夜间醒来，哭喊着要用奶瓶喝东西，妈妈应该坚决拒绝。这时可以用可爱的小杯子装上食物和水，用小勺喂给宝宝。

　　如果这种办法不奏效，妈妈可以在临睡前给宝宝吃一个水果或有营养的小点心，为宝宝增加营养，预防宝宝夜间醒来。

　　如果平时喝水用的是奶瓶，这时要逐渐用杯子代替。

第4章

2～3岁
开始像大人一样吃饭

2岁宝宝身体发育情况

项 目	男 孩	女 孩	平均增长速度
身 长	平均87.9厘米左右	平均86.6厘米左右	平均每月增加0.3厘米左右
体 重	平均12.2千克左右	平均11.7千克左右	平均每月增加1.2千克左右
头 围	平均48.2厘米左右	平均47.2厘米左右	平均每月增加0.2厘米左右
胸 围	平均49.4厘米左右	平均48.2厘米左右	平均每月增加0.3厘米左右

3岁宝宝身体发育情况

项 目	男 孩	女 孩
体 重	平均14.7千克左右	平均13.9千克左右
身 长	平均96.5厘米左右	平均95.6厘米左右
头 围	平均49.1厘米左右	平均48.1厘米左右
胸 围	平均50.9厘米左右	平均49.8厘米左右

2~3岁聪明宝宝怎么吃

🍎 2岁至2岁半宝宝

宝宝哺喂指导

2岁以后，宝宝的营养需求比以前有了较大的提高，每天所需的总热量达到1200~1300千卡。其中蛋白质、脂肪和糖类的重量比例约1：0.6：（4~5）。

由于胃容量的增加和消化功能的完善，从现在起每天的餐点仍为5次，有些宝宝已经完成了每天餐点由5次向4次的转变，每次的量适当增多，餐次可以逐渐减至一日三餐。

一天的膳食中要以多种食品为主，有供给优质蛋白的肉、蛋类食品，也有提供维生素和矿物质的各种蔬菜。

现在应该给宝宝添加鸡、鸭、鱼、虾、牛奶、鸡蛋、豆类、肉类等富含蛋白、卵磷脂、必需氨基酸的食物，以利于宝宝的身体成长和大脑发育。

粗粮中含有宝宝生长发育需要的赖氨酸和蛋氨酸，这两种蛋白质人体不能合成，因此这个阶段以后可以适当给宝宝吃些粗粮。

尽量少食用半成品和市场上出售的熟食，如香肠、火腿、罐头食品等，因为其中的食品添加剂、防腐剂不利于宝宝的生长发育。

巧克力蛋白质含量偏低，脂肪含量偏高，营养成分的比例不符合儿童生长发育的需要，而且在饭前吃巧克力会影响食欲，不能给宝宝过多食用。

养成独立进食的习惯可以使宝宝专心吃好每一餐，是保证营养充分摄入的需要。

宝宝一日饮食安排

时间	用量
8：00	蔬菜肉末粥1碗，煮鸡蛋1个
10：00	牛奶或酸奶1杯，饼干3~4块
12：00	软饭或馒头，营养菜和汤
15：00	水果、蛋糕或其他小点心
18：00	面或饺子，凉菜1碟
21：00	牛奶半杯，饼干2块

🍓2岁半至3岁宝宝

宝宝哺喂指导

宝宝2岁半以后，每天所需的蛋白质、脂肪和糖类的比例为1:0.8:(4~5)，总热量达到1300千卡，每天应当进食主餐3次，点心1次，同时适量吃些应季水果。

此时宝宝已经完成了由液体食物向幼儿固体食物的过渡，不过每天还应饮用400~500毫升牛奶，保证钙的吸收。同时多吃含钙高的食品，每天保证一定时间的日照。

虽然宝宝能跟大人一样进餐了，但是，全身各个器官都还处于一个幼稚、娇嫩的阶段，特别是消化系统，所以，妈妈要控制宝宝的食量，每餐不宜让宝宝吃得过饱，以免加重消化系统的负担，引起消化不良。

宝宝在此阶段普遍已经能够独立进餐，但会有边吃边玩的现象。父母要有耐心，让宝宝慢慢用餐，以保证孩子真正吃饱，避免出现进食不当导致的营养不良。

继续培养宝宝良好的饮食习惯，不要让宝宝过多地吃糖和含糖量高的点心。如果糖分摄取过多，体内的B族维生素就会因帮助糖分代谢而消耗掉，从而引起神经系统的B族维生素缺乏，产生嗜糖性精神烦躁症状。

宝宝一日饮食安排

时间	用量
8：00	牛奶半杯，饺子3个，营养粥1碗
10：00	鲜汤1碗，小点心
12：00	米饭，营养菜
15：00	水果，豆奶200毫升加适量白糖，饼干2块
18：00	软饭或馒头或面，营养菜和汤
21：00	牛奶半杯

🍎 2~3岁宝宝可以吃的食物

薏米布丁

原料：薏米100克，鸡蛋3个，鲜奶油2大匙。

调料：白糖适量。

做法：

1 薏米浸泡5个小时，放入炖锅煮40分钟，捞出薏米沥干，留汤备用。

2 待薏米汤温度将至40℃，加入鸡蛋和白糖，用筷子顺时针方向搅拌均匀，再加入鲜奶油及薏米搅拌均匀。

3 将打匀的薏米布丁液倒入碗中，盖上一层保鲜膜，放入蒸锅中蒸15分钟即可。

贴心提示：薏米是食补佳品，具有抗菌消炎的作用。薏米所含糖类黏性较高，所以宝宝一次不宜吃得太多，否则会妨碍消化。

双皮奶

原料：牛奶200毫升，鸡蛋2个。

调料：蜂蜜适量。

做法：

1 将牛奶煮沸后倒入小碗，冷却至表面有一层奶皮；鸡蛋取蛋清，加入适量蜂蜜拌匀。

2 小心地把牛奶倒入搅拌后的蛋清液中继续搅拌，注意将奶皮仍然留在牛奶碗的碗底。

3 搅拌均匀后再缓缓倒回原来的牛奶碗中，这样原先底部的奶皮就会浮起，覆盖在最上层，用保鲜膜封口蒸15分钟后起锅。

4 待冷却后形成新的奶皮，即成双皮奶。

贴心提示：牛奶加蜂蜜是非常好的搭配，有治疗贫血的作用，不宜用未经加工的生蜂蜜，否则可能引起中毒或过敏反应。

鱼肉水饺

原料：面粉500克，鲜鱼肉300克，韭菜50克。

调料：盐、香油各适量。

做法：

1 鱼肉洗净，切碎，剁成泥；韭菜洗净，剁碎。

2 鱼肉糊中放入韭菜、盐、香油，搅匀成馅料。

3 面粉倒油，温水和成面团，揪成小块，擀成小圆片，加馅料包成小饺子，下沸水锅中煮熟，捞出即可。

贴心提示：给宝宝吃的鱼肉一定要剔干净鱼刺，尤其是年龄越小的宝宝，饺子的面皮应越薄，放到沸水中后略微多煮一会儿，以利消化。

核桃仁芝麻饼

原料：面粉250克，核桃仁50克，鲜牛奶1杯，鸡蛋2个，黑芝麻、白芝麻各10克。

调料：盐少许。

做法：

1 将芝麻洗净；鸡蛋打散；核桃仁用热水泡过后剥去外皮，再放入锅中炒熟后压碎。

2 将面粉放入盆内，加鸡蛋液、核桃末、牛奶、芝麻、盐以及适量水，搅成糊状备用。

3 平底锅置火上，加油烧热，放入一大匙面糊，改用中火，用勺子摊成一个薄圆饼，煎至两面微黄即可。

贴心提示：核桃仁具有润肠通便的功效，芝麻具有补钙、补铁的作用，核桃仁芝麻饼合二者之功效，能为宝宝补全营养。

奶香饼

原料：面粉150克，牛奶半杯约100毫升，黄油少许。

调料：盐、白糖各少许。

做法：

1 在面粉里加入一些牛奶和水，搅拌成稀面糊，放入少许盐、白糖。

2 平底锅置于火上，放适量黄油，小火熔化，放入一大匙面糊，改用中火，用勺子摊成一个薄圆饼，煎至两面微黄即可。

贴心提示：薄饼里还可以卷进宝宝喜欢的食物，如奶酪、肉松、培根等，喜欢的话也可以在饼上涂抹一层果酱，增加滋味。

芝麻南瓜饼

原料：南瓜200克，面粉50克，芝麻适量。

调料：蜂蜜适量。

做法：

1 南瓜洗净，去皮后切成块，入蒸锅蒸熟后捣成泥。

2 在南瓜泥中加入蜂蜜、面粉，搅匀后做成相同大小的圆饼，再拍上芝麻。

3 起锅热油，将圆饼放入炸至金黄色即可。

贴心提示：芝麻含铁量极高，对偏食、厌食有一定的调节作用，还能控制和预防缺铁性贫血。

烩白菜三丁

原料：嫩白菜帮100克，水发香菇50克，猪肉40克，葱花、姜片、高汤各适量。

调料：盐、香油、水淀粉、酱油各适量。

做法：

1 白菜帮、香菇、猪肉洗净，均切成丁。

2 肉丁加适量食盐拌匀，用水淀粉浆过后入油锅滑透，捞出；香菇入沸水汆烫捞出。

3 起锅热油，放葱花、姜片炝锅，加白菜帮爆炒至七成熟，倒出。

4 锅内加高汤烧开，放入香菇、肉丁、白菜帮，加盐、酱油煮沸后用水淀粉勾芡，淋入香油即可。

贴心提示：清热解渴，降低血压，能增强食欲，还具有润肺止咳、健脑镇静、健胃利血、清肠利便的保健作用。

豆腐蒸蛋

原料：嫩豆腐200克，火腿100克，鸡蛋3个。
调料：葱姜水、水淀粉、盐、香油各适量。
做法：

1 豆腐切丁，汆烫后捞出，沥干；鸡蛋打入碗中，加入盐、水淀粉、葱姜水、豆腐丁打匀。

2 将火腿切成小丁，整齐地摆放在豆腐鸡蛋液上。

3 将盛豆腐的大碗放入蒸笼中，中小火蒸15分钟，取出淋入香油即可。

贴心提示：此菜含有丰富的蛋白质和钙，美味而且利于宝宝消化吸收，也可以加一点豆豉油，这样味道会更鲜美。

五仁包

原料：面粉500克，核桃仁100克，莲子、瓜子仁、松子仁、花生仁、熟芝麻各30克。

调料：白糖适量。

做法：

1 面粉发酵后调好碱，搓成若干小团子，做成小圆皮备用。

2 将核桃仁、莲子、瓜子仁、松子仁、花生仁、熟芝麻、白糖、植物油拌匀成馅料。

3 面皮包上馅料后，捏紧口，弄出褶子，上笼急火蒸15分钟即可。

贴心提示：五仁包中含有多种坚果馅料，不饱和脂肪酸丰富，还含有多种氨基酸，可以满足大脑所需多种营养素。包子里面的馅料可以根据家里现成的材料来搭配，变化无穷。

橙汁水果盅

原料：红色甜椒1个约50克，苹果1个约50克，香蕉1根约100克，白煮蛋半个，柳橙1个。

调料：低脂奶酪30毫升。

做法：

1 将柳橙去皮、去子，和30毫升奶酪一起用果汁机打成橙汁酱。

2 甜椒去把后，以汤匙去子备用。

3 将苹果、香蕉及白煮蛋切丁放入甜椒中，最后淋上橙汁酱即可。

贴心提示：橙汁水果盅含有丰富的维生素C以及宝宝身体发育必需的营养元素。

黄瓜沙拉

原料：黄瓜、番茄各30克，橘子30克，葡萄干10克。

调料：沙拉酱、盐各少许。

做法：

1 葡萄干用开水泡软，洗净；黄瓜洗净，去皮，涂少许盐，切小片；番茄用开水烫一下，去皮，切小片；橘子去皮、核、切碎。

2 将葡萄干、黄瓜片、番茄片、橘子放入盘内，加沙拉酱拌匀即可。

贴心提示：在夏天，妈妈可以常常为宝宝做水果沙拉，这样的吃法可以保留水果中更多的营养成分，尤其是维生素。但是一定要注意一点，水果和蔬菜一定要清洗干净，尽可能去皮食用。

栗子烧冬菇

原料：栗子250克，水发冬菇50克。

调料：白糖、酱油、水淀粉、香油各适量。

做法：

1 用刀在栗子上划一刀，下沸水锅待壳裂开捞出，剥壳去膜；冬菇洗净，去蒂，一切两半。

2 锅置火上，倒油烧热，倒入栗子、冬菇，加酱油、白糖和水，烧沸后用水淀粉勾薄芡，淋上香油即可。

贴心提示：冬菇即为香菇，在烧的时候，栗子一定要烧透、烧熟，冬菇则以焖入味为好。

木耳炒双菇

原料：草菇100克，黑木耳50克，香菇50克，高汤适量。

调料：白糖、盐、香油各适量。

做法：

1 草菇去蒂洗净；黑木耳、香菇分别放入温水中浸泡，去蒂，切开。

2 锅置火上，放油烧热，下草菇、香菇煸香，放入黑木耳炒匀，加盐、白糖、高汤烧入味，淋上香油，出锅即可。

贴心提示：素菜类小炒中加点菇类是很好的搭配，既能增加食物的香味，在营养上也能起到较好的互补作用。

菠萝鸡片

原料：菠萝150克，鸡肉100克，黄瓜10克，红椒1个。

调料：盐、水淀粉、香油各适量。

做法：

1 菠萝切片；黄瓜洗净，切片；红椒洗净，切片；鸡肉切片，加少许淀粉拌匀。

2 炒锅下油烧热，放入黄瓜片、红椒片、菠萝片炒至金红色，加入鸡片翻炒至肉变色，用水淀粉勾薄芡，淋上香油，出锅即可。

贴心提示：水果入菜，不仅可以使菜的口感更佳，而且水果散发出来的特殊香味也能刺激宝宝的食欲，平时可以交替用一些水果入菜。

鲜奶麦片饭

原料：麦片25克，鲜牛奶250克，大米200克。

调料：白糖适量。

做法：

1 大米淘洗干净，放入清水中浸泡3小时，捞出。

2 将泡好的大米放入不锈钢锅中，加入麦片、白糖、牛奶，上旺火烧沸，撇去浮沫。

3 用小火将米粉焖30分钟，熄火后余热闷15分钟即可。

贴心提示：此饭麦香、米香、奶香三者合一，作为宝宝的主食非常合适。在制作时为了避免煳锅，一定要注意火候，不可过急，用小火来焖熟才能最大限度地保留三者的营养和香味。

八宝番茄

原料： 番茄 500 克，虾米 25 克，冬笋 25 克，火腿 25 克，猪肉（瘦）25 克，香菇（鲜）50 克，蘑菇（鲜蘑）50 克，虾仁 50 克，鸡蛋清 25 克。

调料： 料酒 15 克，盐、淀粉、香油、葱姜汁、鲜汤各适量。

做法：

1 将番茄用沸水烫一下，剥去皮，沿蒂一周挖下一圆块，掏去子、瓤洗净。

2 冬笋、火腿、猪肉、香菇、蘑菇分别洗净后切小丁。

3 虾仁洗净，和肉丁用少许盐、蛋清、干淀粉拌匀上浆，下油锅滑散，至变色即倒出沥油。

4 炒锅上火，加油烧热，放料酒、葱姜汁、盐，翻炒均匀后放入各种小丁及虾仁，拌和成八宝馅，镶入番茄，盖上蒂盖，上笼蒸五六分钟，取出装盘。

5 另用鲜汤加水淀粉勾薄芡，使之成透明卤汁，淋浇在番茄上即可。

贴心提示： 做馅料时，汤汁要少，必要时可勾少许芡，使汤汁不流淌，不可蒸过头，防止番茄熟烂而萎瘪。

豆腐烧泥鳅

原料：活泥鳅300克，豆腐200克，姜蒜末、葱花各适量。

调料：豆瓣酱、盐、料酒、清汤、水淀粉各适量。

做法：

1 泥鳅宰杀干净，用盐、料酒腌渍片刻；豆腐切条，入沸水中焯一下捞出；豆瓣酱剁碎。

2 炒锅置火上，倒油烧热，放入泥鳅，炸至金黄色且表皮酥脆时捞出。

3 锅内留底油烧热，放入姜蒜末、豆瓣酱炒香，倒入清汤，烧沸后下入泥鳅、豆腐，烧至泥鳅、豆腐均入味且滚烫时，用水淀粉勾芡，装盘后撒上葱花即可。

贴心提示：豆腐是富钙食品，而泥鳅则是鱼类中含钙最多的一种，而且B族维生素和铁、锌等微量元素含量也高于普通鱼类。豆腐与泥鳅的搭配是传统的高营养食谱。

糟香素三丝

原料：莴笋200克，土豆150克，胡萝卜75克。

调料：盐、白糖、水淀粉、香油各适量。

做法：

1 将莴笋、土豆、胡萝卜洗净，削皮，切丝。

2 炒锅上火，放油烧热，加入三丝煸炒片刻，放少许水、盐、白糖，烧开后用水淀粉勾芡，淋少许香油即可。

贴心提示：素菜很容易炒出漂亮的颜色，妈妈可以多留心，用容易搭配出好看颜色的食材来炒菜，比如青椒与红椒、莴笋与胡萝卜、油菜与香菇等。

海带薏米鸡蛋汤

原料： 海带10克，薏米30克，鸡蛋1个。

调料： 盐少许。

做法：

1 海带洗净，切丝；薏米去杂，洗净，放锅中煮烂；鸡蛋打成蛋液。

2 锅置火上，放油烧热，倒入鸡蛋液炒熟，随即放入海带、薏米及薏米汤，加盐调味，烧至入味即可。

贴心提示： 食物有酸性和碱性之分，如果将酸性食物和碱性食物搭配，就能起到酸碱中和的作用，更好地为人体所吸收利用，比如鸡蛋是酸性，海带是碱性，二者的搭配就更加营养。

芹菜炒鳝鱼

原料： 鳝鱼肉150克，芹菜100克，蛋清适量。

调料： 料酒、盐、水淀粉各适量。

做法：

1 芹菜择洗干净，切成段；蛋清和淀粉调成蛋清糊。

2 鳝鱼肉洗净，切片，用盐、料酒、蛋清糊上浆。

3 锅置火上，放油烧热，下鳝鱼片滑散，放入芹菜，翻炒至熟，用水淀粉勾薄芡即可。

贴心提示： 鳝鱼中含有丰富的卵磷脂和DHA，对宝宝生长发育十分有益，妈妈可以每个月考虑为宝宝安排1~2次鳝鱼食谱。

香菇炖双耳

原料：香菇40克，木耳、银耳各20克，鹌鹑蛋2个，鸡汤、葱段、姜片各适量。

调料：盐、料酒各适量。

做法：

1. 将香菇、木耳、银耳用温水泡发（木耳若太大块，可撕成小块），拣去蒂及杂质洗净。

2. 起锅热油，下葱姜炝锅，放入香菇、木耳、银耳，加料酒煸炒片刻。

3. 加入鸡汤、鹌鹑蛋，大火烧开后转小火煮至入味，加适量食盐即可。

贴心提示：这道菜清淡适口，营养丰富。香菇可以帮助宝宝提高免疫力、促进新陈代谢；银耳、木耳都具有增强宝宝免疫力、润肠通便的功效。

火炒五色蔬

原料：玉米笋、芦笋、鲜香菇各50克，百合20克，彩椒1个。

调料：盐适量。

做法：

1. 玉米笋、芦笋洗净，切段；香菇洗净，切条；百合洗净，剥瓣；彩椒去子，切条。

2. 将5种原材料放入沸水中焯烫2分钟后捞出沥水。

3. 起锅热油，加5种原材料大火爆炒至熟透，加盐调味即可。

贴心提示：这几样食物一起烹调，营养丰富、色泽诱人。这道美食含维生素、膳食纤维丰富，有利于宝宝补充维生素、预防便秘。

牛奶银耳水果汤

原料：鲜奶250毫升，银耳10克，猕猴桃1个，圣女果5个。

调料：白糖适量。

做法：

1. 银耳用清水泡软，去蒂，切碎，倒入锅中，加入鲜奶，中小火边煮边搅拌，煮至熟软后熄火放凉。

2. 圣女果洗净，对切成两半，猕猴桃削皮切丁，一起放入鲜奶中，加入白糖拌匀即可。

贴心提示：这道水果汤具有增进宝宝大脑发育的作用，可以作为晚餐后的点心来吃，帮助减轻焦虑，有益睡眠、增强呼吸的功能。

清炒鳝鱼丝

原料：鳝鱼肉200克，柿子椒30克，姜丝、葱丝各适量。

调料：料酒、精盐、鸡精、香油各适量。

做法：

1. 鳝鱼肉洗净，切成丝，入沸水中烫去血污，捞出沥水；柿子椒洗净，去蒂、子，切丝。

2. 锅中加植物油烧热，下入姜丝、葱丝爆锅，加入鳝鱼丝、柿子椒丝煸炒。

3. 烹入料酒，加精盐、鸡精炒熟，淋入香油，出锅即成。

贴心提示：鳝鱼含蛋白质丰富且优质，而且鳝鱼肉有清热凉血、活血止血的作用。

五彩果醋蛋饭

原料：米饭(蒸) 100克，莴笋、青豆各50克，鸡蛋1个，香菜、圣女果各适量。

调料：冰糖、果醋、盐各适量。

做法：

1. 将鸡蛋打散，与冰糖、果醋、盐制成果醋酱备用。

2. 将莴笋去皮切成小片，青豆洗净，将二者用开水烫熟；圣女果洗净，切成四块；香菜洗净，切段。

3. 炒锅注油烧热，下入米饭、果醋酱翻炒，待米饭被果醋酱包匀后，下莴笋片、青豆粒、圣女果翻炒片刻，出锅，撒香菜段即可。

贴心提示：鸡蛋含有丰富的蛋白质、脂肪、维生素，同时富含DHA和卵磷脂、卵黄素，对宝宝身体发育有利，能健脑益智、改善记忆力，并促进肝细胞再生；莴笋具有镇静作用，经常食用有助于宝宝安眠。

姜母鸭

原料：鸭块200克，姜丝、姜片各适量。

调料：盐、米酒各适量。

做法：

1 鸭肉洗净，放入开水中汆烫后捞出沥干水分。

2 起锅热油，放姜片炒出香味，加鸭块煸炒。

3 加盐、米酒煮开，倒入碗中，撒上姜丝，入蒸锅小火蒸2小时即可。

贴心提示：鸭肉性味甘寒，具有滋补、养胃、补肾、利水消肿、止咳化痰等作用。

鸡肉丝炒饭

原料：米饭50克，鸡肉35克，葱花适量。

调料：盐、酱油、水淀粉各适量。

做法：

1 鸡肉洗净，切丝，用水淀粉挂浆，放入温油中滑透，捞出。

2 锅内放油烧热，放鸡肉丝、葱花翻炒，再加盐、酱油调味、调色，炒匀后倒入米饭，翻炒片刻即可。

贴心提示：可以给宝宝炒饭的配菜有很多，鸡肉、胡萝卜、洋葱、土豆等都很不错，丰富营养，而且制作方便。

香菇鸡

原料：鸡胸肉100克，水发香菇60克，大枣5枚，葱、姜适量。

调料：白糖、水淀粉、盐、料酒、香油各适量。

做法：

1 鸡肉洗净，切成条状；大枣洗净，去核；香菇、葱、姜洗净，切丝。

2 鸡肉、大枣、香菇放入碗内，加入盐、白糖、葱、姜、料酒、水淀粉拌匀。

3 放入锅中隔水蒸20分钟，取出后摊入盘中，淋上适量香油即可。

贴心提示：这道美食含丰富的维生素、蛋白质等营养成分以及多种矿物质。

芦笋鸡柳

原料：鸡脯肉300克，芦笋200克，胡萝卜100克，葱末、姜末各1小匙。

调料：水淀粉1大匙，料酒、酱油各2小匙，盐1小匙，香油适量。

做法：

1 将鸡肉洗净切条，用1小匙料酒和1小匙酱油腌渍5分钟；芦笋洗净，切成小段；胡萝卜洗净，切条备用。

2 起锅热油，放入葱末、姜末爆香，依次倒入鸡肉、胡萝卜和芦笋，加酱油、料酒和盐炒至断生。

3 用水淀粉勾芡，淋入香油即可。

贴心提示：芦笋中含有丰富的蛋白质、维生素、钙、磷、镁等营养物质；鸡肉则可以补中益气、增强体力。这道菜可以帮助宝宝增强食欲、预防贫血。

🍄 宝宝健脑益智餐推荐

香菇核桃仁

原料： 干香菇、核桃仁各100克，姜末、素汤各适量。

调料： 盐、香油、酱油、料酒各适量。

做法：

1. 香菇放入温水浸泡，去蒂，用清水洗净，切成片。

2. 炒锅置火上，放油烧至四成热，下核桃仁炸酥，出锅倒入漏勺沥干油。

3. 锅留少许底油，下姜末爆香，放入香菇片煸炒，加入素汤、料酒、酱油、盐烧沸，下核桃仁，改用小火煨片刻，再用旺火收稠汁，淋入香油，出锅装盘即成。

贴心提示： 香菇炒得时间不用太长，大约两分钟即可，如果炒得时间太长，会破坏香菇中的营养。

鲑鱼面

原料： 鲑鱼30克，面条30克，高汤、葱花各适量。

调料： 盐、香油各适量。

做法：

1. 鲑鱼洗净，用滚水焯烫至熟，取出后用筷子剥成小片，去除鱼刺。

2. 锅内倒入高汤加热，放入鲑鱼肉煮滚，加少许盐调味。

3. 面条煮熟盛入碗中，倒入鲑鱼肉及肉汤，撒上葱花，淋上香油即可。

贴心提示： 鲑鱼的脂肪中含有丰富的不饱和脂肪酸，对于宝宝智力发育很有帮助，但对于过敏体质的宝宝要谨慎食用。

核桃花生奶

原料：花生30克，核桃15克，鲜奶400毫升。

调料：白糖适量。

做法：

1 花生外层薄膜去除；核桃放入烤箱烘烤5分钟至脆(途中必须翻动以免烤焦)，备用。

2 将花生、核桃和鲜奶一起放入果汁机内搅打均匀，透过细滤网滤出纯净的核桃牛奶浆。

3 再倒入锅中，以小火加热并持续搅拌至沸腾，最后加入白糖搅拌至糖溶解后熄火，待降温即可饮用。

贴心提示：花生和核桃都含有婴幼儿脑细胞发育所需的重要物质，两者与鲜奶搭配，可以加强宝宝的学习力，保护眼睛。核桃和花生属于高脂肪食物，宝宝每天只可吃2~3粒，只要持之以恒，就能起到营养大脑、增强记忆力的作用。

鸳鸯鹌鹑蛋

原料：鹌鹑蛋7个，黄花菜15克，水发木耳15克，豆腐15克，火腿10克，油菜10克，豌豆10克，鲜奶50克。

调料：盐、料酒、水淀粉、香油各适量。

做法：

1 将1个鹌鹑蛋磕开，把蛋清、蛋黄分放碗内，其余6个煮去壳。

2 黄花菜、木耳、豆腐剁碎，和在一起加盐、料酒、香油和蛋清调匀成馅。

3 将每个鹌鹑蛋竖着切开，挖掉蛋黄，把馅填入刮平，再用生蛋黄抹一下，用2粒豌豆点成眼睛，将火腿末和油菜末撒在两边，按此法逐个制成鸳鸯蛋生坯，上笼蒸10分钟取出装盘。

4 炒锅上火，放入鲜奶，加盐，汤沸时用水淀粉勾流水芡，浇在蛋上即成。

贴心提示：此菜形象逼真，鲜嫩适口，就营养价值来说鹌鹑蛋胜过鸡蛋，含有多种维生素，尤其富含卵磷脂，是高级神经活动不可缺少的营养物质，而且鹌鹑蛋的血清胆固醇含量较低。

枸杞炖羊脑

原料：羊脑1个约500克，枸杞子5克，高汤适量。

调料：盐、胡椒粉各适量。

做法：

1 将羊脑中的红筋挑掉，洗净；枸杞子用凉水洗净。

2 将羊脑放在炖盅里，加入枸杞子、盐、胡椒粉、高汤，炖30分钟左右即可。

贴心提示：这道美食可以滋补肝肾、润肺养血、清热安神，并为宝宝补充丰富的蛋白质、脂肪、卵磷脂和维生素C等营养物质。

芝麻沙丁鱼

原料：沙丁鱼5条约750克，熟芝麻10克，面粉适量。

调料：酱油、醋各适量。

做法：

1 芝麻研碎；沙丁鱼处理干净后撒上面粉，放入油锅中煎熟透。

2 将芝麻碎、酱油、醋混合均匀，淋在已经煎好的沙丁鱼上即可。

贴心提示：处理沙丁鱼时，应注意去除骨头，片去骨后可以用刀背拍，让肉质松散，更容易入味。

茼蒿鱼头汤

原料：胖头鱼鱼头半个约400克，茼蒿100克，姜片适量。

调料：盐适量。

做法：

1 将鱼头除去鳞、鳃，洗净剁开；茼蒿洗净切段。

2 锅中加植物油烧热，放入鱼头煎至微黄。

3 锅内加适量水，烧开后放入煎好的鱼头，再放入姜片煮10分钟。

4 放入茼蒿，待茼蒿煮熟后加盐调味即可。

贴心提示：鱼头和豆腐都是高蛋白、低脂肪和高维生素的食品，可以健脑益智，对胎儿的大脑发育尤为有益。

菠菜蛋黄粥

原料：鸡蛋1个，菠菜50克，软米饭1碗，高汤、猪油各适量。

调料：盐适量。

做法：

1 鸡蛋煮熟后取蛋黄；将菠菜洗净，用开水烫后切成小段。

2 将蛋黄、软米饭、猪油、菠菜加适量高汤放入锅内先煮烂成粥。

3 加入适量食盐调味即可。

贴心提示：菠菜含有大量的植物粗纤维，具有促进肠道蠕动的作用，利于排便，且能促进胰腺分泌，帮助消化；蛋黄中含有丰富的维生素A、维生素D和维生素E与脂肪，溶解后容易被身体吸收利用，其中所含有的卵磷脂能够促进宝宝大脑的发育。

五香鲅鱼

原料： 鲅鱼250克，葱段、姜片各适量。

调料： 酱油、五香粉、料酒、生抽、白糖各适量。

做法：

1 鲅鱼处理干净，切块，加姜片、料酒、酱油、五香粉腌渍半小时，下油锅，炸到表皮发紧，鱼肉发黄，捞出沥油。

2 锅内留少许油，加葱段、姜片炝锅，把炸好的鱼再次下锅，倒生抽、料酒，放白糖、五香粉，小火焖10分钟左右，大火收汤，装盘即可。

贴心提示： 鲅鱼在炸的时候油温一定不能高，不然容易炸煳，可以用小火炸，炸的时间略微久一点。鲅鱼一次不能做太多，以免吃不完，隔了夜的炸鲅鱼不能再吃，因为鲅鱼脂肪多，炸过后容易产生油烧现象，进而因陈变而产生鱼油毒。

蛋包饭

原料： 米饭200克，香肠50克，鸡肉30克，鸡蛋3个，葱末、鲜汤各适量。

调料： 番茄酱、盐、淀粉各适量。

做法：

1 鸡蛋加少许盐打成蛋花；香肠、鸡肉切小丁；鸡肉丁加少许淀粉、盐拌匀浆好。

2 炒锅上火，倒油烧热，投入葱末炝锅，放入鸡丁煸炒至变色，加少许番茄酱、盐炒匀。

3 倒入米饭、香肠、鲜汤拌炒，待米饭炒透、汤收干后盛起。

4 炒锅再下油烧热，将鸡蛋液倒入锅中，留下少许备用，随后转动锅，摊出鸡蛋饼，把米饭倒入蛋饼中心，用锅铲折成半月形，倒入剩余的蛋液在接口处，稍煎即可装盘。

贴心提示： 炒饭时的配菜可以按照计划进行搭配，往蛋皮中加炒饭时不宜加得过多，以免封口困难，炒饭时可以按口味，将番茄酱换成豆豉酱也可以。

蚕豆炒虾仁

原料：蚕豆100克，虾仁150克。

调料：盐、水淀粉各适量。

做法：

1 蚕豆用盐水煮至半熟，放入冷水中浸泡1分钟后捞起，沥干水分；虾仁加少许盐拌匀。

2 锅中放油烧热，放入虾仁炒几下盛出。

3 锅中留底油，倒入蚕豆翻炒5分钟，加少量水，放入虾仁拌炒，用水淀粉勾芡后起锅即可。

贴心提示：蚕豆含有丰富的钙、锌等，可以调节大脑和神经组织，还含有粗纤维、铁、B族维生素等多种有益人体的物质，这种低热食物，对高血脂、高血压和心血管疾病也有良好的预防作用。

莲子鸡丁

原料：鸡胸肉250克，莲子50克，香菇、胡萝卜各少许，蛋清1个。

调料：盐、淀粉各适量。

做法：

1 将鸡胸肉洗净，切丁，用蛋清、淀粉拌匀。

2 香菇泡软，去蒂，同洗净的胡萝卜均切块；莲子去心洗净，蒸熟备用。

3 炒锅放油烧热，下鸡丁煸炒至七成熟，加入莲子、香菇、胡萝卜及盐，炒匀出锅即成。

贴心提示：做莲子鸡丁适宜选嫩鸡肉，这样煸炒时容易熟透，而且口感更鲜香，莲子心异常苦，可以事先将其去除，莲子应煮熟烂了再给宝宝吃。

红枣金针菇汤

原料：水发金针菇100克，红枣100克，姜片适量。

调料：料酒、盐各适量。

做法：

1 将水发金针菇去根蒂，洗净；红枣用温水泡发，洗净。

2 将浸泡的金针菇的水放至澄清后倒入沙锅内，再放入金针菇、红枣、料酒、盐、姜片、少许植物油，加盖，置中火上炖半个小时左右即成。

贴心提示：金针菇含丰富的蛋白质，人体必需氨基酸的成分齐全，其中赖氨酸和精氨酸含量尤其丰富，对增强智力和宝宝的身高有良好的作用，可常用来配菜。

核桃仁烧鸡块

原料：净鸡肉250克，核桃仁100克，姜片、葱段、鸡汤各适量。

调料：料酒、盐、酱油、白糖、淀粉各适量。

做法：

1 鸡肉洗净，切块，加料酒、盐、淀粉拌匀。

2 核桃仁用热水泡透，去皮。

3 炒锅放油烧热，放入鸡肉滑一下，捞出沥油。

4 锅中留底油，热后倒入鸡肉、核桃仁，加入鸡汤、姜片、葱段、白糖、料酒、盐、酱油，烧至鸡肉熟而入味，出锅装盘即可。

贴心提示：滑鸡块时，妈妈应尽量将油沥干净，避免鸡块经过烧制而变得十分油腻。

翡翠烩白玉

原料：茼蒿100克，净鱼肉50克，鸡蛋清1个，姜片、清汤、蒜片各适量。

调料：盐、水淀粉各适量。

做法：

1 茼蒿择洗干净，放入开水锅中稍焯，捞起，切成4厘米长的段。

2 鱼肉冲洗干净，切成薄片，加盐、蛋清、水淀粉上浆，放入五成热油锅中滑散。

3 炒锅置火上，放油烧热，下姜片、蒜片炝锅，注入清汤，倒入茼蒿、鱼片略煮，加盐调味，用水淀粉勾芡即可。

贴心提示：鱼肉有很好的健脑益智作用，茼蒿开胃健脾、降压补脑。二者相配成菜，可健脑，提高记忆力和智力。

芹菜叶饼

原料：芹菜叶150克，鸡蛋3个，面粉50克。

调料：盐适量。

做法：

1 芹菜洗净，切成细末；鸡蛋打入碗中。

2 将芹菜、面粉、盐以及适量的水和鸡蛋搅拌均匀。

3 起锅热油，倒入搅拌好的鸡蛋糊，煎至两面金黄后改刀装盘即可。

贴心提示：芹菜营养丰富，含蛋白质、粗纤维以及各种微量元素，有健胃、利尿、净血、调经、降压、镇静等作用；鸡蛋含有丰富的DHA和卵磷脂等，对宝宝神经系统和身体发育有很大的作用，能健脑益智。

香菇核桃肉片

原料：香菇100克，里脊肉50克，核桃仁10克，葱花、姜末各适量。

调料：盐、水淀粉、白糖、料酒各适量。

做法：

1 把香菇浸泡发开，洗净控干，切丁；核桃仁用沸水烫后去皮，下油锅炸成酥脆、金黄色，捞出。

2 里脊肉切成薄片，放在碗里，加精盐、白糖、料酒、水淀粉拌匀。

3 炒锅上火，放少量植物油，烧至五成热，放肉片，炒至七八成熟，捞出。

4 把香菇、葱花、姜末倒进锅里煸香，再把肉片、核桃仁放进去，加入调味品，略炒几下即可。

贴心提示：香菇含有丰富的精氨酸和赖氨酸，常吃香菇，可健脑益智。

🍎 **宝宝补铁餐推荐**

香菇炒冬笋

原料：干香菇5朵，冬笋半根。

调料：盐、水淀粉、香油各适量。

做法：

1 香菇用温水泡开，摘去蒂，切成片；冬笋去掉外皮，洗净，切成薄片。

2 锅内加入植物油烧热，放入冬笋片翻炒片刻，加入适量清水，放入香菇，盖上锅盖。

3 待烧开时，加入盐，改用小火焖软，淋入水淀粉翻炒至汤浓稠，放少许香油即可。

贴心提示：妈妈可以事先准备一些高汤用来烧菜，会使味道更美。

芝麻肝片

原料：猪肝200克，芝麻100克，鸡蛋清、姜末、面粉、葱末各适量。

调料：盐适量。

做法：

1 将猪肝洗净，切成薄片，将鸡蛋清、面粉、盐、葱末、姜末调匀，放入猪肝挂浆，取出滚满芝麻。

2 锅内加入植物油烧热，倒入猪肝，炸透后出锅装盘。

贴心提示：一些香味浓郁的食物可以和腥味浓的肉类食物搭配，这样可以压住腥气，起到提味的作用，像芝麻、香菜、蒜苗等都有类似的功能。

木须肉

原料：猪肉150克，鸡蛋2个，黑木耳20克，葱末、姜末各1大匙。

调料：酱油1大匙，甜面酱1大匙，盐适量。

做法：

1 猪肉洗净切丝；木耳浸发后洗净，撕成小朵；鸡蛋打入碗中搅散。

2 起锅热油，放入葱末、姜末炒香，再把鸡蛋倒入锅内炒熟取出。

3 另起油锅，倒入肉丝，炒至发白时拨至锅边，加入甜面酱、盐炒匀后与肉丝一起翻炒。

4 最后加酱油、鸡蛋皮和木耳炒片刻即成。

贴心提示：木须肉的做法很灵活，妈妈可以根据宝宝的营养需求加入菠菜、黄瓜、干黄花菜等各类食物。

炒青椒肝丝

原料：猪肝100克，青椒100克，葱末、姜末各适量。

调料：淀粉、料酒、糖、盐、醋、香油各适量。

做法：

1 把猪肝、青椒洗净切丝，猪肝丝用淀粉抓匀，下入四五成热的油中滑散捞出。

2 锅内留少许油，用葱末、姜末炝锅，下入青椒丝，加料酒、糖、盐及少许水，烧开后用水淀粉勾芡。

3 倒入猪肝丝，淋入少许香油、醋即可。

贴心提示：猪肝要用淀粉抓匀再下油锅，这样可以尽可能留住猪肝中的维生素和铁质，也能更好地保留猪肝的香味。

鸡丝木耳面

原料：鸡蛋面150克，鸡肉丝100克，木耳25克，鸡汤适量。

调料：料酒、盐、葱姜汁各适量。

做法：

1 木耳用水泡发，洗净，切丝；面条下入开水中煮熟，捞出放凉。

2 炒锅加油烧热，下入鸡肉丝、木耳丝炒熟，倒入面条，加鸡汤、料酒、盐、葱姜汁，煮沸后盛入碗中即可。

贴心提示：鸡肉肉质细嫩，味道鲜美，特别适合婴幼儿食用，妈妈可以经常用一点鸡肉来给宝宝做早餐。

猪肝木耳粥

原料：大米50克，小米、猪肝各30克，黑木耳10克，红枣5枚，姜丝适量。

调料：盐适量。

做法：

1 将黑木耳用冷水泡发，去杂质，洗净，切碎；红枣去核洗净。

2 猪肝用温开水浸泡10分钟，漂去血水，捞出去筋膜，切碎。

3 将大米、小米淘洗干净，放入锅中，加水适量，以大火煮沸后，改小火煨30分钟。

4 将碎木耳、碎猪肝、红枣、精盐、姜丝倒入，搅拌均匀，继续煨煮30分钟即成。

贴心提示：这道菜味美爽口，能够帮助宝宝增强食欲，同时还含有丰富而全面的营养，对帮助宝宝预防贫血、补充维生素A有非常大的作用。

● 鸡蛋肝泥炒米饭

原料：米饭100克，鸡蛋1个，猪肝25克，葱末适量。

调料：盐、酱油各适量。

做法：

1 鸡蛋打成蛋液。

2 猪肝洗净，切成片，下开水锅中氽一下捞出，切成泥状，加入蛋液调匀。

3 炒锅加油烧热，用葱末炝锅，加入肝泥、盐、酱油，翻炒至熟，加入米饭炒匀即可。

贴心提示：米饭从冷炒热容易粘锅，需要的时间也长，妈妈不妨先用电饭煲将米饭蒸热后略微放温再炒。

番茄炒肉片

原料： 菜豆角100克，猪瘦肉50克，番茄50克，葱末、姜末、蒜末各适量，高汤1碗。

调料： 盐适量。

做法：

1 番茄去皮，切厚片；猪肉洗净，切薄片；豆角去筋洗净，切段。

2 起锅热油，下葱姜蒜炝锅，再倒入肉片煸炒。

3 待肉片发白时倒入番茄、豆角略炒后加高汤焖煮片刻。

4 待豆角熟透后加适量盐拌匀即可。

贴心提示： 番茄富含维生素C等，可以提高人体免疫力；猪肉中含铁、锌等营养素，可以促进宝宝骨骼的生长，并能帮助宝宝预防缺铁性贫血。

土豆炖牛肉

原料： 牛肉100克，土豆100克。

调料： 料酒1小匙，生抽、盐、姜片各适量。

做法：

1 将牛肉洗净，切成块；将土豆洗净，去皮，切成滚刀块。

2 土豆用清水浸泡备用，牛肉用开水烫一下捞出。

3 锅内加植物油烧热，放入牛肉炒至变色，下调料和清水，旺火烧开，撇去浮沫。

4 转用小火烧至牛肉八成烂，再放入土豆块继续炖，至土豆入味、熟烂即好。

贴心提示： 土豆能提供充足的能量及维生素，还有促消化、补益脾胃的功能。牛肉是优质蛋白的好来源，且锌、铁丰富，不仅能补血健脾，还可促进蛋白质合成，益气强身。

芦笋炒肉丝

原料：芦笋200克，瘦肉50克，蒜末半大匙。

调料：盐、料酒、酱油、淀粉各1大匙，糖半小匙。

做法：

1. 芦笋洗净切段，沸水锅中加少许盐，放入芦笋氽烫稍软捞出，用清水冲凉。

2. 瘦肉切丝，倒入半大匙料酒、酱油和水淀粉腌渍15分钟。

3. 锅内加入植物油烧热，将肉丝过油后捞出备用。

4. 锅内留少许底油，倒入蒜末爆香，再放入芦笋翻炒片刻。

5. 加入肉丝，放入剩下的调料，加少许清水炒匀即可。

贴心提示：猪肉可以提供血红素（有机铁）和促进铁吸收的半胱氨酸，具有补肾养血、滋阴润燥的功效。芦笋与猪肉搭配，既可以帮助宝宝有效地预防贫血，还能够为宝宝补充身体所需的蛋白质、维生素和各种微量元素。

青椒炒猪肝

原料：猪肝100克，青椒1个，红椒1个，葱1根。

调料：淀粉、酱油、盐各少许。

做法：

1. 猪肝洗净切片，用少许酱油、淀粉腌10分钟；青椒、红椒洗净，切片；葱洗净，切斜段。

2. 锅内注入清水，烧沸，放入猪肝氽烫至变色，捞出沥干备用。

3. 另起锅热油，倒入青椒、红椒炒片刻。

4. 加入猪肝同炒，加盐调味，最后加入葱段炒至变软即可。

贴心提示：青椒中维生素C的含量十分丰富，具有开胃消食的功效；猪肝中含有丰富的铁质和维生素A。两者搭配食用，可以帮助宝宝增强食欲、预防缺铁性贫血。

菠菜汤

原料：菠菜150克，鸡蛋1个，胡萝卜半个，葱末、姜末各适量。

调料：盐、鸡精各适量。

做法：

1 菠菜洗净焯水，切段；胡萝卜洗净，去皮，切丝；鸡蛋打散。

2 起锅热油，爆香葱末、姜末，下胡萝卜丝、菠菜煸炒一下，倒入水烧沸。

3 调入盐、鸡精，淋入鸡蛋液烧沸即可。

贴心提示：此汤不但能够补血，还能补充蛋白质，有利于宝宝身体发育。

黄豆煮肝片

原料：猪肝50克，黄豆100克，姜片、葱段各适量。

调料：盐、味精各适量。

做法：

1 将猪肝剔去筋洗净后，切成4厘米长、2厘米宽、0.5厘米厚的片。

2 起锅热油，放葱段、姜片煸香，放入肝片滑透，用漏勺沥去余油。

3 黄豆洗净浸泡1晚，放入锅中小火煮熟，倒入猪肝，加盐、味精调味后略煮即可。

贴心提示：这道菜可以为宝宝提供多种氨基酸、钙以及丰富的铁，同时可以提高人体免疫力，帮助宝宝抵抗各种病毒的入侵，保持身体健康。

蛋黄南瓜

原料：南瓜200克，咸蛋黄1个，香葱适量。

调料：料酒、盐各适量。

做法：

1 咸蛋黄放在小碗中，倒上料酒，上锅蒸6~8分钟，蒸好的蛋黄用勺子捣烂成泥。

2 南瓜去皮切片，入水焯一下；香葱切段。

3 起锅热油，用葱段炝锅，倒入南瓜片煸炒。

4 待南瓜熟透后倒入蛋黄，加盐适量炒匀即可。

贴心提示：南瓜含有糖、蛋白质、纤维素、维生素以及钙、钾、磷等多种营养成分；蛋黄含铁丰富。宝宝常吃这道菜，可增强机体免疫力。

🍒 宝宝补钙餐推荐

蒸豆腐

材料：豆腐1块（300克左右），油菜心50克，熟鸡蛋黄1个，葱末、姜末各适量。

调料：淀粉、盐各适量。

做法：

1 将豆腐投入沸水中氽烫一下，捞出来沥干水，放入碗内研成碎末。

2 油菜心洗净，投入沸水中烫一下，切碎放入豆腐中，加盐、淀粉、葱末、姜末拌匀。

3 将豆腐摆成方块形，再把熟鸡蛋黄研碎撒在豆腐表面，放入蒸锅，中火蒸10分钟即可。

贴心提示：市场上的豆腐有老豆腐和嫩豆腐两种，老豆腐用石膏或盐卤做凝固剂，因而含钙量会更高一些。

骨菇汤

原料：猪骨、乌鱼骨各250克，香菇50克，葱段、姜末各适量。

调料：盐适量。

做法：

1 猪骨、乌鱼骨洗净，砸碎，加适量清水，烧至汤呈白色，加盐少许调味，弃渣留汤。

2 香菇洗净，切成片，放入骨头汤中，加入姜末、葱段，小火煮沸15分钟即可。

贴心提示：此汤鲜香味美，含有多种营养成分，钙的含量尤为丰富，为6个月以上的婴幼儿的补钙佳品。

虾皮碎菜包

原料：虾皮5克，小白菜50克，鸡蛋1个，自发面粉适量。

调料：盐、香油各适量。

做法：

1 鸡蛋磕入碗中，搅成蛋液，倒入锅中炒熟。

2 虾皮洗净，用温水泡软后，切碎，加入打散炒熟的鸡蛋。

3 小白菜洗净略烫一下，也切碎，与鸡蛋调成馅料，加入少许盐、香油调好味。

4 自发面粉和好，略饧一饧，包成提褶小包子，上笼蒸熟即可。

贴心提示：做包子时，要根据宝宝的消化能力掌控好馅料的碎度，宝宝越小，馅料剁得应越碎，注意馅不要包得太多，包子也不要包得太大。

鲜虾泥

原料：鲜虾仁300克，鸡蛋1个。

调料：盐、香油各适量。

做法：

1 将虾仁挑去泥肠洗净，沥干水，剁成碎末备用；将鸡蛋打入碗中，只取蛋清，加入虾仁中调匀。

2 将拌好的虾泥上笼蒸5分钟左右。

3 取出凉至温度合适，用盐、香油拌匀即可。

贴心提示：虾是发物，有的宝宝以前没有对虾过敏的现象，但有可能因为生病或是染疾而对虾过敏，这种情况应暂停食用。

紫菜墨鱼丸汤

原料：墨鱼肉150克，猪瘦肉750克，紫菜25克，葱花、香菜末各适量。

调料：淀粉、盐各适量。

做法：

1 紫菜用清水泡发，洗净；墨鱼肉和猪瘦肉分别洗净，剁成肉泥，加淀粉、盐拌匀后捏成直径1厘米的丸子。

2 起锅热油，放入丸子炸至金黄色，捞出沥油。

3 另起锅，放清水烧开，放入丸子、紫菜烧开，改小火煨10分钟，撒入葱花、香菜末即可。

贴心提示：鱼肉细嫩，炸丸子时油不能过热，火不要太大，否则容易炸煳。

鲜虾汤

原料：鲜虾250克，娃娃菜150克。

调料：盐、香油各适量。

做法：

1 虾剪去须，洗净；娃娃菜洗净，切条。

2 炒锅上火，放油烧热，下虾烹炒，再加入娃娃菜稍炒，加水烧沸至熟，加盐、香油调味即可。

贴心提示：汤中还可以加入豆腐，能降脂、降压、减肥，还能增强补钙的功效。另外，煮汤时加少许桂皮能令汤汁更鲜美。

卷心菜蛤蜊汤

原料：新鲜蛤蜊肉50克，卷心菜100克，葱姜丝适量。

调料：盐、香油各适量。

做法：

1 卷心菜洗净，切丝；蛤蜊肉洗净。

2 炒锅上火，放油烧热，下葱姜丝炝锅，放卷心菜煸炒，倒入水，放蛤蜊肉烧沸，加盐调味，淋上香油即可。

贴心提示：海鲜与蔬菜同做可以丰富食物营养，还具有提高免疫力的作用。蛤蜊本身味道极为鲜美，烹制时不必再使用增鲜剂，也不宜多放盐，以免影响鲜味。

黄豆排骨汤

原料：排骨200克，黄豆50克。

调料：盐适量。

做法：

1 黄豆用清水泡软，清洗干净。

2 排骨用清水洗净，放入滚水中烫去血水备用。

3 汤锅中倒入适量清水烧开，放入黄豆和排骨。

4 以中小火煲3小时，起锅加盐调味即可。

贴心提示：黄豆中富含钙质，黄豆中还含有丰富的不饱和脂肪酸和大豆磷脂，有保持血管弹性和健脑的作用；排骨富含蛋白质、脂肪，可以为宝宝补充体力，促进身体生长发育。

黄豆炖排骨

原料：黄豆100克，猪排骨300克，青蒜末、葱段、姜片各适量。

调料：料酒、酱油、盐各适量。

做法：

1 黄豆去杂洗净，下锅煮熟；排骨洗净，砍成小块。

2 锅内加入适量清水，加入排骨、葱段、姜片、料酒、酱油，大火烧沸后，改用小火炖，加盐、黄豆，炖至肉熟烂入味，盛出后撒上青蒜末即可。

贴心提示：猪排中含有丰富的优质蛋白质、脂肪和钙，黄豆与其搭配食用，能够为宝宝提供骨骼生长发育所需的营养，是冬天为宝宝补钙暖身的不错选择。

香菇烧海红

原料：干海红150克，笋50克，水发香菇100克，高汤适量。

调料：料酒、水淀粉、盐、酱油各适量。

做法：

1 香菇洗净，切片；笋洗净，切片。

2 海红用温水泡洗，放入碗内，倒入高汤，上笼蒸熟透后取出，择去杂质。

3 锅置火上，倒油烧热，加入高汤、料酒、酱油、盐、香菇片、笋片、海红，烧沸入味后用水淀粉勾芡即可。

贴心提示：在炖汤类食物时，加一些水藻或菌类食物，比如黑木耳、淡菜、香菇等，不仅能增加营养，而且能使汤汁更鲜美。

鹌鹑豆腐

原料：豆腐(南)150克，鹌鹑肉50克，番茄、青椒各1个，水发木耳10克，葱末、姜末、高汤各适量。

调料：酱油、水淀粉、盐、料酒各适量。

做法：

1 将豆腐碾压成细末；鹌鹑肉洗净剁碎；木耳洗净撕成小块；番茄洗净切块；青椒去子洗净切块。

2 将鹌鹑肉和豆腐一起放入碗中，加盐、料酒、葱末、姜末、水淀粉各适量搅成糊状。

3 起锅热油，将豆腐用羹匙舀成鹌鹑蛋状，逐个放入热油中炸透呈浅黄色。

4 锅内留油烧热，下葱末、姜末炝锅，下番茄、青椒、水发木耳煸炒片刻，放入高汤、料酒、酱油、精盐烧开。

5 放入鹌鹑豆腐，用水淀粉勾芡即可。

贴心提示：鹌鹑肉性平，味甘，有补益五脏、补中益气、清热利湿等功效，可用于治疗消化不良、食欲缺乏等症；豆腐具有补中益气、清热润燥、生津止渴、清洁肠胃的功效，其中还含有丰富的卵磷脂，对宝宝大脑的发育也有很大的好处。

杏仁螺片汤

原料：大海螺3个，杏仁30克，高汤、葱段、姜片各适量。

调料：盐、香油各适量。

做法：

1 大海螺洗净，碎壳取肉，切成片；杏仁洗净。

2 炒锅上火，加入高汤，下葱段、姜片、杏仁烧2分钟，加海螺肉烧沸，加盐调味，淋上少许香油即可。

贴心提示：海螺肉必须烧透才能给宝宝食用。在制作前，应先将海螺清洗干净，放入清水中浸养6~7个小时，里面的分泌物和泥沙就能吐干净了。

胡萝卜排骨米饭

原料：米饭1碗约200克，猪排骨100克，胡萝卜半个，鸡蛋1个，青椒1个，生菜、葱段、葱花、姜片各适量。

调料：料酒、酱油、糖色、盐、水淀粉各适量。

做法：

1 排骨剁小块，放入开水中氽烫后捞出；鸡蛋打散；胡萝卜、青椒切成丁。

2 起锅热油，放入姜片、葱段炝锅，加入料酒、酱油、糖色以及适量的水，下排骨后加适量的盐，焖至排骨熟烂。

3 另起锅热油，倒入蛋液炒熟，放入胡萝卜丁、青椒丁、葱花炒香后，倒入米饭炒匀出锅。

4 将生菜叶烫透放在饭上，在生菜叶上放上焖熟的排骨。

5 在将焖排骨的原汁加水淀粉勾芡收浓后浇在排骨上即可。

贴心提示：这道美食可以提供给宝宝生理活动必需的优质蛋白质、脂肪，尤其是丰富的钙质，可维护骨骼健康。

番茄牛骨汤

原料：牛骨200克，牛肉、土豆各50克，红萝卜、番茄各40克，黄豆20克，姜2片。

调料：盐适量。

做法：

1 将牛骨斩成大块洗净，牛肉洗净切片，一起放入开水中氽烫后捞出；红萝卜、番茄、土豆去皮切成块。

2 将牛骨、牛肉、黄豆、姜片放入炖锅，加适量水大火烧开后转小火煮半小时。

3 加入红萝卜、番茄、土豆煮至熟烂，加适量精盐调味即可。

贴心提示：牛骨含有丰富的钙质，对宝宝骨骼发育极为有益；牛骨还可以用白萝卜、菠菜、蘑菇、粉丝等材料来炖，吃菜喝汤，别有一番风味，最适合寒冷时节食用。

宝宝补锌餐推荐

豌豆炒虾仁

原料：嫩豌豆(去荚) 100克，虾仁250克，鸡汤适量。

调料：料酒、盐、水淀粉、香油各适量。

做法：

1 将豌豆洗净，投入开水锅中汆一下，捞出来沥干水；虾仁洗净备用。

2 炒锅用中火烧热，加入豆油，烧至三成热，下入虾仁，快速用竹筷滑散，稍炸片刻捞出，控干油。

3 锅内留底油烧热，下入豌豆，急火翻炒几下，烹入料酒，加入鸡汤、盐稍炒，放入虾仁，用水淀粉勾芡，淋上香油即可。

贴心提示：虾仁放入锅内后不要停留太久，应立即用锅铲或筷子滑散，以免粘连，影响受热及观感。

豆腐蛤蜊汤

原料：蛤蜊150克，豆腐100克，生姜1块，葱1根，清汤适量。

调料：盐适量。

做法：

1 蛤蜊洗净；生姜洗净，去皮切片；葱洗净，切段。

2 瓦煲加入清汤，大火烧开后，放入蛤蜊、生姜，加盖，改小火煲40分钟。

3 加入豆腐，调入盐，继续用小火煲30分钟后，撒上葱段即成。

贴心提示：蛤蜊买回应用淡盐水养2个小时以上，让它吐尽沙后再洗净。

金针菇炒油菜

原料：油菜300克，金针菇200克，腐竹适量。

调料：盐适量。

做法：

1 腐竹洗净，沥干，切丝，放盘中。

2 油菜洗净，对半切开。

3 金针菇切除根部后，洗净，汆烫，捞出过凉后沥干。

4 油菜炒软，加腐竹、金针菇。

5 放盐炒入味，盛盘中即可。

贴心提示：新鲜的金针菇以未开伞、菇体洁白如玉、菌柄挺直、均匀整齐、无褐根、基部少粘连为佳品。

炒干贝

原料：干贝肉100克，冬笋25克，水发香菇15克，葱段、姜末、清汤各适量。

调料：盐、水淀粉各适量。

做法：

1 干贝泡发后洗净，沥干，对半切开；香菇洗净，切片；冬笋洗净，切片。

2 分别将干贝肉、香菇、冬笋放沸水中焯一下，捞出，沥干。

3 炒锅烧热，放油烧至七成热，下葱段、姜末爆香，放干贝肉、香菇、冬笋翻炒，加盐、清汤烧沸，用水淀粉勾芡即可。

贴心提示：干贝一次不宜过多食用，所以妈妈每次不应购买太多。

三色鱼丸

原料：草鱼肉100克，胡萝卜、青椒各10克，水发木耳5克，蛋清20克，葱姜末、高汤各适量。

调料：盐、香油、料酒、淀粉、葱姜水各适量。

做法：

1. 草鱼肉洗净，剁成茸，加入蛋清、盐、葱姜水、高汤、淀粉，朝一个方向搅打均匀，用手挤成小丸子，放入八成沸的水锅内，汆熟捞出。

2. 胡萝卜、青椒、木耳洗净，切成小方丁。

3. 锅放油烧热，放葱姜末炝锅，放菜丁，加高汤、盐、料酒，至熟时，用水淀粉勾芡，下入鱼丸，淋入香油。

贴心提示：做鱼丸的鱼应用新鲜的活鱼，这样鱼丸才能有弹性；烹煮时间不宜长，否则容易破坏口感和风味。

牡蛎粥

原料：牡蛎50克，大米100克，胡萝卜30克，青菜末、姜末、葱末各适量。

调料：盐少许。

做法：

1. 大米淘洗干净，清水浸泡1小时；胡萝卜洗净，切小丁；牡蛎洗净，切片。

2. 锅内放少许油烧热，加姜末、葱末炝锅，放入牡蛎、胡萝卜稍炒，倒入大米及浸泡大米的水，大火煮开，改小火煮1小时，加盐调味，撒上少许青菜末即可。

贴心提示：牡蛎较腥，加一些香气浓郁的配菜可以帮助去腥，比如葱、姜等。

莴笋炒香菇

原料：莴笋250克，水发香菇50克。

调料：白糖、盐、酱油、水淀粉各适量。

做法：

1 莴笋去皮，洗净，切片；香菇去蒂，洗净，切片。

2 锅置火上，放油烧热，倒入莴笋片和香菇片，煸炒几下，加入酱油、盐、白糖，烧入味后用水淀粉勾芡，翻炒几下即可。

贴心提示：莴笋本身有一种很清香的味道，宜清淡点吃，所以妈妈在做的时候注意控制用盐量，少放为宜。

红烧萝卜

原料：萝卜1个约400克，葱末、姜末各适量。

调料：花椒油、酱油、白糖、水淀粉、盐、料酒各适量。

做法：

1 将萝卜洗净，去皮，切成条，用开水煮熟捞出，沥干水分待用。

2 炒锅中倒入油，旺火加热，爆香葱末、姜末，将酱油、白糖、盐、料酒、适量水和萝卜依次放入炒锅中。

3 烧开后，改用文火烧至汤汁剩下一半时，加水淀粉，淋入花椒油，炒匀出锅即成。

贴心提示：萝卜的密度比较大，炒萝卜不容易入味，妈妈可以先将萝卜用沸水焯一下，再用来炒菜时就会很容易出滋味了。

黄油胡萝卜饼

原料： 面粉150克，胡萝卜50克，芝麻、葱末、黄油各适量。

调料： 盐、发酵粉各适量。

做法：

1. 面粉加发酵粉用温水调匀，将面发好，揉匀，擀成若干面皮；胡萝卜洗净，切细丝，撒少许盐，沥干水。

2. 黄油切小丁，加入葱末、胡萝卜丝、盐拌匀成馅料。

3. 面皮抹上馅料包好，捏紧口，做成饼，沾上芝麻，急火烤熟即可。

贴心提示： 急火烤熟的饼外酥里嫩、松软可口，里面的馅料可以经常变换，能令宝宝胃口大开。

清炒莴笋虾仁

原料： 莴笋100克，虾仁300克，蛋清1个，蒜末适量。

调料： 盐、白糖、淀粉、料酒、白胡椒粉各适量。

做法：

1. 虾仁挑去泥肠，洗净，沥干水分，拌入蛋清、盐、淀粉码味，过油后捞出。

2. 莴笋削去根部粗皮，洗净，用开水焯烫后捞出浸凉，切小段。

3. 锅内放油烧热，倒入蒜末、莴笋炒香，放入虾仁，调入料酒、盐、白糖、白胡椒粉炒匀，用水淀粉勾芡即可。

贴心提示： 人们做虾仁喜欢留着尾巴，这大多是因为尾巴留着更好看一些，妈妈可以去掉尾巴，这样给宝宝吃起来更方便。

椒香牛肉

原料： 牛腱肉300克，青椒、红椒各1个，蒜末适量，卤汁2碗。

调料： 酱油、白糖、香油各适量。

做法：

1. 青椒、红椒洗净切块；牛肉洗净后煮熟捞出，再放入卤汁中煮20分钟后捞出切片。

2. 起锅热油，下蒜末爆香，再放入青椒、红椒、牛肉翻炒。

3. 加酱油、白糖以及香油适量，翻炒均匀即可。

贴心提示： 牛肉中含丰富的锌和铁，宝宝一个星期吃3~4次瘦牛肉，不但可以预防缺铁性贫血，而且对免疫系统也有益。

🍎 宝宝健脾开胃餐推荐

桂圆芝麻小米粥

原料：小米150克，桂圆5粒，黑芝麻50克。

调料：冰糖适量。

做法：

1 小米淘洗干净；桂圆去核取肉；黑芝麻炒香。

2 锅中加清水，先下入小米，煮至小米半熟，下入桂圆、黑芝麻，继续煮至熟。

3 根据个人的口味调入适量冰糖即可。

贴心提示：小米益气补脾，安眠开胃，桂圆也具有安神补脾之功效，可以在宝宝睡前2小时喝一点此粥。

酸辣土豆丝

原料：土豆300克，干红辣椒1个，青椒2个。

调料：香油、醋各1大匙，酱油1小匙，盐、白糖各适量。

做法：

1 将土豆去皮洗净，切成极细的丝，放到冷水盆中过一下，捞出放到沸水锅中汆烫至七八成熟，捞出沥干水备用。

2 将干红辣椒切段；青椒洗净切丝。

3 锅内加入香油烧热，加入土豆丝、青椒丝、干红辣椒翻炒几下，加入盐、醋、酱油、白糖拌匀即可。

贴心提示：切好的土豆丝不要在水中泡得太久，以免土豆中的水溶性维生素等营养物质流失，降低土豆的营养价值。

蒜苗烧小黄鱼

原料：小黄鱼200克，蒜苗100克，姜丝、葱花、高汤各适量。

调料：白糖、盐、料酒各适量。

做法：

1 将小黄鱼剖洗干净，加入盐、料酒，腌渍1个小时左右，再放入油锅炸至金黄；蒜苗洗净切段。

2 起锅热油，倒入高汤，加盐、料酒、姜丝、白糖，汤开后放入鱼和蒜苗。

3 待蒜苗熟透后撒上葱花即可。

贴心提示：这道美食富含蛋白质、脂肪、糖、维生素、钙、铁等多种营养成分，有益气填精、健脾开胃的功效。在帮助宝宝预防消化不良的同时，还能够增进食欲。

糖醋里脊

原料：里脊肉200克。

调料：番茄酱3大匙，料酒、醋、白糖、盐、淀粉各适量。

做法：

1 将里脊肉200克拍松切成菱形块，用盐腌一下，再加少许水淀粉拌匀，滚上干淀粉，放入热油锅中炸至金黄，捞出沥油。

2 炒锅留底油，加入番茄酱炒至出红油，随即加入盐、白糖、料酒、醋，用水淀粉勾芡，待汤汁浓稠红亮时放入里脊，快速翻炒均匀即可。

贴心提示：里脊肉的筋膜一定要事先处理干净，不然吃起来容易影响口感。

白萝卜棒骨汤

原料：棒骨2根，白萝卜1根，葱、姜各适量。

调料：盐适量。

做法：

1 棒骨从中砍断，焯水后洗净浮沫备用；萝卜洗净，去皮切滚刀块，放入汤锅中加水烧开。

2 锅置火上，放油烧热，加入姜略炒，把骨头放入炒1分钟，倒入烧开的萝卜汤中，大火烧开，改小火煲1个半小时，加盐调味，撒上葱花即可。

贴心提示：棒骨可以事先焯过水，放入炖锅烧开后要撇浮沫，这样可以减少油脂，保证汤汁澄清。棒骨汤要炖得久一点，看到棒骨头上那层软骨裂开味道才够好。

花生猪尾汤

原料：猪尾2条，花生150克。

调料：盐、料酒各适量。

做法：

1 猪尾剔净毛，洗净剁成小段，以滚水余烫洗净。

2 炖锅倒入水1200毫升，加花生煮1小时。

3 锅热后加少许油，放入猪尾炒至皮稍焦黄。

4 花生汤加入炒好的猪尾，加料酒炖1小时，加盐调味即成。

贴心提示：猪尾巴毛多，可以先在炉灶上略微灼烧，然后泡进热水中刮洗干净。

生炒糯米饭

原料：糯米200克，赤小豆、桂圆适量，大枣6枚。

调料：白糖适量。

做法：

1 大枣泡软，洗净去核；赤小豆淘洗干净，浸泡2小时；桂圆取肉。

2 糯米用清水淘洗干净，再用清水浸泡6小时，捞出沥净水。

3 炒锅上火，倒油烧至四成热，倒入糯米翻炒，加入赤小豆、桂圆、大枣、白糖、适量水煮沸。

4 翻炒至水干，用筷子在饭上戳几个小洞，小火焖熟即可。

贴心提示：此饭补中益气、健脾养胃。在炒的过程中切记不要煳锅，边炒可以边浇水。

红薯豆沙饼

原料：面粉400克，豆沙馅250克，烤红薯400克，奶粉50克。

调料：白糖、奶油各适量。

做法：

1 将烤红薯去皮后压成泥，加入面粉、白糖、奶油、奶粉和少许水揉成团，分成10份备用。

2 取红薯面团，掌压成圆饼，包入适量豆沙馅，收口捏紧后稍压成扁圆形。

3 所有面团都做完后，将红薯豆沙饼放入平底锅中，用少许油煎至酥黄熟烂即可。

贴心提示：和面时，妈妈可以在面团中加入少许糯米粉，这样面团会更加光滑，制成的饼口感更好，由于面团加入了红薯，会比较软，煎的时候一定要用小火，避免外面焦了里面却还没有熟。

虾米花蛤蒸蛋羹

原料：虾米10克，蛤蜊50克，鸡蛋2个，葱花适量。

调料：料酒、盐各适量。

做法：

1 虾米切碎，放在料酒里浸泡10分钟。

2 蛤蜊洗净，用开水烫后使壳打开。

3 鸡蛋打至起泡，加盐、虾米和蛤蜊，加温水，放入葱花，大火急蒸至结膏即可。

贴心提示：蛤蜊要用新鲜的，用开水烫煮时，蛤蜊开口时间先后不一，要及时把开口的蛤蜊捞出来，不然就煮老了。

橙汁藕片

原料：嫩藕2节约750克。

调料：橙汁适量。

做法：

1 莲藕刮去外皮，切成薄片，入滚水中氽烫一下，立刻取出，沥干水分。

2 藕片凉后放入橙汁中浸泡至入味即可。

贴心提示：宝宝不宜生吃莲藕，焯熟的莲藕还可用少量蒜泥和醋拌匀了吃，能帮助宝宝增强抵抗力。

番茄鱼条

原料：净鱼肉250克，胡萝卜50克，葱头50克，鸡蛋清50克。

调料：番茄酱、白糖、盐、料酒、辣酱油、香油、水淀粉各适量。

做法：

1 将鱼肉洗净，切成条，加入料酒、盐、鸡蛋清、水淀粉，抓匀浆好。

2 葱头去皮，洗净切丝；胡萝卜洗净，切丝。

3 锅内放油烧至五成热，把浆好的鱼条分多次分散着下入油锅内，炸透捞出，再把油烧至七成热，下入全部鱼肉条，炸至外表略脆，捞出沥油。

4 另起锅放油烧热，下入胡萝卜丝、葱头丝煸炒出香味，加入番茄酱，用微火反复煸炒至植物油变成红色，再加入盐、白糖、辣酱油炒匀，浇在炸好的鱼肉条上，淋入香油即成。

贴心提示：鱼条要分多次分散着下入锅内炸，不要一次下得过多，待全部炸透定型后，再用旺火热油把鱼条炸一下，炸酥捞出。炒番茄酱时要用微火慢炒。

生姜炖牛肚

原料： 牛肚200克，生姜10克，清汤适量。

调料： 料酒、盐、香油各适量。

做法：

1 牛肚切成条片，下入沸水锅中焯透捞出；生姜削去外皮，切成片。

2 锅内放入清汤，下入姜片煮10分钟左右。

3 下入肚片、料酒、精盐烧开，炖20分钟左右。

4 出锅盛入汤碗，淋入香油即可。

贴心提示： 牛肚有补益脾胃、补气养血的功效。

虾米莲藕

原料： 莲藕200克，虾米20克，高汤、花椒各适量。

调料： 醋、盐、香油各适量。

做法：

1 莲藕洗净切薄片，再用凉水洗一下，控干水分；虾米用温水洗净。

2 起锅热油，放入花椒炝锅后捞出，再放入藕片、虾米煸炒。

3 加入醋、盐、高汤，炒熟后淋上香油即可。

贴心提示： 莲藕中含有大量的淀粉、维生素和矿物质等营养物质，具有健脾益胃、润燥养阴、补血的作用。莲藕中的鞣质可以健脾止泻，对帮助宝宝促进消化、增进食欲具有很好的作用。

菜花虾末

原料： 菜花200克，虾20克。

调料： 酱油、盐各适量。

做法：

1 菜花洗净，掰成小朵，下入凉水锅中，加入1小匙盐，大火烧开，中火煮熟后捞出，沥干水。

2 将虾煮熟后剥去壳切碎，加上盐、酱油拌匀后倒在菜花上即可。

贴心提示： 菜花具有开胃消食、化滞消积的功效，此外，常食菜花还有助于提高宝宝的免疫力。

宝宝喂养难题

Q：宝宝胃口不好是怎么回事

如果宝宝总不好好吃饭，一碗饭吃两口就不吃了，这可能说明宝宝胃口不好，宝宝胃口不好主要有这样几个原因：

1 宝宝进食的环境和情绪不太好。
不少家庭没有宝宝吃饭的固定位置；有些家庭没让宝宝专心进餐；还有些家长依自己主观的想法，强迫宝宝吃饭，宝宝觉得吃饭是件"痛苦的事情"。

2 宝宝肚子不饿。
现在许多父母过于疼爱宝宝，家里各类糖果、点心、水果敞开让宝宝吃，宝宝到吃饭的时候就没有食欲，尤其是饭前1小时内吃甜食对食欲的影响最大。

3 饭菜不符合宝宝的饮食要求。
饭菜形式单调，色香味不足，或者是没有为宝宝专门烹调，只把大人吃的饭菜分一点给宝宝吃，饭太硬，菜嚼不动，提不起吃饭的兴趣。

4 一些疾病的影响。
如缺铁性贫血、锌缺乏症、胃肠功能紊乱、肝炎、结核病等，都有食欲下降的表现，这些病要请医院的医生帮助诊断并进行相应的治疗。

对于胃口不好的宝宝，妈妈应针对在教养方法、饮食卫生及饮食烹调等方面试着进行些调整，观察一下效果。在调整进食方式上不要操之过急，但也不能心太软，一定要逐步做到进餐的定时、定点、专心与营造温馨气氛。

> **贴心提示**
>
> 宝宝正常的食欲很难用进食量的多少来衡量，如果进食后基本饱足，能保证宝宝正常的生长发育和体力活动，就意味着食欲正常，不能强求同龄宝宝要有相同的进食量。

Q：宝宝查出有营养不良，该吃什么来补充营养呢

2岁的宝宝基本可以跟大人一样吃东西了，可以变着花样给宝宝增加些营养，避免宝宝挑食，少吃零食。

早上熬粥时里面可放些红枣等滋补类的食物。中午吃些以粮食、奶、蔬菜、鱼、肉、蛋类、豆腐为主的混合食品，这些食品是满足宝宝生长发育必不可少的。

另外，平时要让宝宝多吃多种多样的蔬菜、水果、海产品，为宝宝提供足够的维生素和矿物质，以供代谢的需要，达到营养平衡的目的。

补充营养应采取循序渐进的原则，逐步增加能量和蛋白质的供给。

贴心提示

一般到了2岁的宝宝都能自己进食，有的宝宝进餐动作较缓慢，大人吃完了宝宝也吃不了太多，这时妈妈一定要耐心对待，不可责怪宝宝，慢慢地宝宝就能熟练进食，吃得多起来。

Q：可以给宝宝添加营养补品吗

市场上为宝宝提供的各种营养品很多，有补锌的、补钙的、补充赖氨酸的，有开胃健脾、补血滋养的，等等。对于这些营养品，父母要有正确的认识：任何营养品只适用于一定的身体状况，并非像广告宣传的那样能包罗万象。

人体是一个非常精确的平衡体，多一点、少一样都对人体的健康不利，尤其是幼儿的各系统功能还未发育成熟，调节功能相对较差，不恰当的营养会造成负面影响，如宝宝补充维生素A过量会造成维生素A中毒。

正常情况下，宝宝从食物中就能摄取丰富、全面的营养，只要不偏食，没有特殊的需要，就没必要添加额外的营养品。

如果宝宝确实存在某些问题需要增补营养，最好也要取得医生的建议，选择一种合适的补品有目的、有针对性地去添加，营养并非多多益善。

在选择宝宝营养品时，应考虑以下几点：

1 应考虑这种食品是否有害、有无不良反应。现在许多食品，由于含有化学合成的添加剂，对宝宝的健康有害。

2 口感要好。过苦或药味重，宝宝难以接受，但甜度高的营养品又会因糖过多抑制宝宝的食欲，也不利于宝宝的牙齿生长，所以宜选择清甜、性缓的营养品。

3 有无科学数据和实际效果。宝宝的保健品尤其要有严格的科学测试和临床验证，以纠正宝宝营养的不平衡。

4 适应证要广。如适应证太窄或不对症，则难以达到预期效果。

5 体积不宜过大，否则会占据宝宝胃的较大容量，引起腹胀，影响正常进食。

6 有大补或寒凉动植物成分的保健品不宜让宝宝服用。

7 无论增加什么样的营养品，首先要保证宝宝的正常饮食。

─ 贴心提示 ─

> 有些父母认为价格高的食品营养价值就高，以致常给宝宝买来补品长期服用，其实食物的营养价值并不能以价格来衡量，价格高只表明它稀有或加工程度深，如冬笋的营养价值就远不如胡萝卜。

Q：吃什么可以帮助宝宝长高

奶，被称为"全能食品"，对骨骼生长极为重要。

沙丁鱼，是蛋白质的宝库，如条件所限，可以吃鲫鱼或鱼松。

菠菜，是维生素的宝库。

胡萝卜，宝宝每天吃50克，很有益处。

柑橘，维生素A、B族维生素、维生素C和钙的含量比苹果中的含量还要多。

此外，还有小米、荞麦、鹌鹑蛋、毛豆、扁豆、蚕豆、南瓜子、核桃、芝麻、花生米、油菜、青椒、韭菜、芹菜、番茄、草莓、柿子、葡萄、淡红小虾、鳝鱼、动物肝脏、鸡肉、羊肉、海带、紫菜、蜂蜜等。

─ 贴心提示 ─

> 目前，国家卫生部还没有批准过任何一种增高保健品的生产，妈妈不要被广告所误导，谨慎购买市场上所售的增高保健品。

Q：宝宝边吃边玩有影响吗

如果宝宝边吃边玩，妈妈一定不要表现得过于关注，让他感觉边吃边玩很有趣，吃吃玩玩形成习惯。

边吃边玩是一种很坏的饮食习惯，在正常情况下，进餐期间，血液聚集到胃，以加强对食物的消化和吸收。边吃边玩，就会使一部分血液供应到身体的其他部位，从而减少胃的血流量，使消化机能减弱，继而使食欲缺乏。

宝宝吃饭时好动，吃几口，玩一会儿，延长了进餐时间，饭菜就会变凉，总吃凉的饭菜对身体极其不利。这样不但损害了宝宝的身体健康，也养成了做事不认真的坏习惯，等宝宝长大后精力不易集中。

吃饭时，爸爸妈妈要做好榜样，不说笑，不玩玩具，不看电视，保持环境安静。如果吃饭前宝宝正玩得高兴，不宜立刻打断他，而应提前几分钟告诉他"快要吃饭了"；如果到时他仍迷恋手中的玩具，可让宝宝协助成人摆放碗筷，转移注意力，做到按时就餐。

─ 贴心提示 ─

> 饭前半小时要让宝宝保持安静而愉快的情绪，不能过度兴奋或疲劳，不要责骂宝宝。培养宝宝对食物的兴趣爱好，引起宝宝的食欲。

Q：怎样把握宝宝进餐的心理特点

宝宝偏食、挑食，很多时候是因为妈妈没有把握他进餐的心理特点造成的。把握宝宝进餐的心理特点，才能做出宝宝爱吃的佳肴，促进宝宝的健康成长。宝宝进餐时有以下心理特点，妈妈需要了解：

1 模仿性强。易受周围人对食物态度的影响，如妈妈吃萝卜时皱眉头，幼儿则大多拒绝吃萝卜；和同伴一起吃饭时，看到同伴吃饭津津有味，宝宝也会吃得特别香。

2 好奇心强。宝宝喜欢吃花样多变和色彩鲜明的食物。

3 味觉灵敏。宝宝对食物的滋味和冷热很敏感。大人认为较热的食物，宝宝会认为是烫的，不愿尝试。

4 喜欢吃刀工规则的食物。对某些不常接触或形状奇特的食物如木耳、紫菜、海带等常持怀疑态度，不愿轻易尝试。

5 喜欢用手拿食物吃。对营养价值高但宝宝又不爱吃的食物，如猪肝等，可以让宝宝用手拿着吃。

6 不喜欢吃装得过满的饭。喜欢一次次自己去添饭，并自豪地说：我吃了两碗、三碗。

贴心提示

挑食的宝宝吃饭容易情绪紧张，宝宝的心情紧张，会使交感神经过度兴奋，从而抑制胃肠蠕动，减少消化液的分泌，产生饱胀的感觉，进餐时要营造一个宽松、自然的环境。

Q: 不服钙剂时，怎么保证摄入充足的钙质

宝宝服用钙剂补钙，补到2岁时就可以了，2岁后最好通过食物来满足宝宝生长发育所需要的钙质。只要坚持饮食平衡的原则，如每天喝1~2杯牛奶，再加上蔬菜、水果和豆制品中的钙，已经足够满足人体所需，不需要另外再补充钙片。含钙多的食物有牛奶、核桃、猪排骨、青菜、紫菜、芝麻酱、海带、虾皮等，在烹调上要注意科学性，增加钙的摄入。

贴心提示

如果盲目给宝宝吃钙片，同时摄取维生素D，体内钙水平过高，会抑制肠道对锌、铜、铁等微量元素的吸收。

Q: 怎样搭配宝宝的饮食呢

人们的生活水平提高了，饮食的质量和结构发生了较大变化，现在，多数家庭的食谱中，精米、细面、鸡鸭鱼肉占了主导地位，而五谷杂粮在餐桌上几乎见不到。

2岁的宝宝消化吸收能力发育已较完善，乳牙也基本长齐。此时，粗粮应正式进入宝宝的食谱，因为粗粮中含有丰富的营养物质，

如B族维生素、膳食纤维、不同种类的氨基酸、铁、钙、镁、磷等，能满足宝宝的营养需求。

一般说来，绿叶蔬菜和豆制品比根茎类蔬菜营养价值高，肝肾等内脏比肉类营养价值高，杂粮比精粮营养价值高。在为宝宝安排每天饮食时要注意食物品种的多样化，粗细粮搭配、主副食搭配、荤素搭配、干稀搭配、甜咸搭配。

宝宝营养的摄入一定要均衡，过剩和不足都不利于宝宝的健康，甚至于诱发多种疾病。在幼儿期不要摄入过多糖分或吃太多高热能食品，以免导致肥胖症，加大成年期发生心血管病症的概率。

一般来说，此时宝宝每天的食量为：40多克的肉类，鸡蛋1只，牛奶或豆浆250克，豆制品为30~40克，蔬菜、水果200克左右，油10克左右，糖10克左右。

宝宝三餐若没吃好，妈妈可以给他吃点儿点心，吃点心时间也要尽量固定，点心可以由牛奶、水果或妈妈做的食物充当。

> **贴心提示**
>
> 妈妈要鼓励宝宝多参加活动，特别是室外活动，要充分利用阳光、空气和水等自然因素来促进孩子体质发育，避免肥胖或营养不良发生。

Q：怎样判断宝宝是否营养不良

宝宝营养不良可引起发育不良、消瘦、肥胖、贫血、脚气病、消化道疾病等，宝宝可能营养不良的征兆有：

1 如果宝宝长期情绪多变、爱激动、喜欢吵闹或性情暴躁等，则是甜食吃得过多引起的，应及时限制宝宝食物中糖分的摄入量，注意膳食平衡。否则宝宝很容易出现肥胖、近视、多动症等。

2 如果宝宝性格忧郁、反应迟钝、表情麻木等，应考虑其缺乏蛋白质、维生素等。需及时增加海产品、肉类、奶制品等富含蛋白质的食物，多吃蔬菜或水果，如番茄、橘子、苹果等。否则宝宝会出现贫血、免疫力下降等。

3 如果宝宝经常忧心忡忡、惊恐不安或健忘，应考虑缺乏B族维生素，可及时增加蛋黄、猪肝、核桃以及一些粗粮，否则长期缺乏B族维生素会引起食欲缺乏，影响生长发育、脑神经的反应能力及思维能力等。

> **贴心提示**
>
> 宝宝出现病症时再判断是否患病是非常容易的，但此时病症已经对宝宝的身心健康产生了危害，再进行治疗不免为时过晚，所以妈妈应当留心注意宝宝，及时发现宝宝发病前的一些征兆，及早采取措施，防患于未然。

Q: 碳酸饮料对宝宝健康有什么影响

宝宝喝太多饮料对宝宝的身体发育特别不利，尤其是碳酸饮料，如可乐、雪碧之类的，它们中最主要的三种成分均影响宝宝健康：

1 二氧化碳影响消化。

碳酸饮料的主要成分是二氧化碳，宝宝饮用碳酸饮料后，释放的二氧化碳很容易引起腹胀，影响食欲，甚至造成肠胃功能紊乱。

2 糖分有损牙齿健康。

碳酸饮料浓浓的甜味来自甜味剂，也就是饮料含糖量太多，被人体吸收，就会产生大量热量，长期饮用非常容易引起肥胖，最重要的是，它会给肾脏带来很大的负担，这也是引起宝宝糖尿病的隐患之一。

碳酸饮料里糖分对宝宝的牙齿发育也很不利，特别腐损牙齿，有的父母会因此而选择无糖型的碳酸饮料，尽管喝无糖型的碳酸饮料减少了糖分的摄入，但这些饮料的酸性仍然很强，同样可能导致齿质腐损。

3 磷酸影响骨骼健康。

碳酸饮料大部分都含有磷酸，大量磷酸的摄入会影响钙的吸收，引起钙、磷比例失调。钙的缺失，对正处于生长过程中的宝宝来说，骨骼健康会受到威胁，身体发育损害非常大。

Q: 宝宝爱喝可乐怎么办

如果宝宝就是爱喝可乐、雪碧等碳酸饮料，爸爸妈妈一定不可以纵容，而应用一些巧妙的方法加以纠正：

1 爸爸妈妈一定要统一战线，千万不要发生跟妈妈要不到、跟爸爸要就有的现象。而且，妈妈一定要耐得住宝宝哭闹、撒娇。宝宝的"拗"都是一时的，但养成好习惯却可以受用一辈子。

2 爸爸妈妈要做表率，自己喝着可乐却要宝宝多喝水，最没有说服力。宝宝喜欢向妈妈学习，如果看到爸爸妈妈口渴了就倒杯水喝，自然就学着喝水。

3 妈妈最好不要买，也不要在家里储存饮料，让宝宝渴了就只能喝开水。就算偶尔让宝宝解解馋，也要当场就喝完。

4 可以试着跟宝宝有个约定，如一个星期可以喝一次可乐，或周末的时候可以喝珍珠奶茶等，让宝宝解解馋。

5 由于宝宝对甜味饮料的亲和力特别强，妈妈可以在果汁里兑点水，降低饮料的甜度，这样可以防止宝宝对饮料上瘾。

贴心提示

妈妈可以自己用榨汁机榨新鲜的果蔬汁给宝宝喝，这样比较安全营养，但也要定时定量。

Q: 锌对宝宝生长发育有什么作用

2~3岁是宝宝生长发育的关键时期，这期间宝宝身体的各个器官都在快速发展，各生理系统及功能也在不断发育成熟。

锌与其他微量元素一样，在人体内不能自然生成，由于各种生理代谢的需要，每天都有一定量的锌排出体外，因此，需要每天摄入一定量的锌以满足身体需要，它的作用是：

1 锌可维持婴幼儿中枢神经系统代谢、骨骼代谢，保障、促进宝宝体格(如身高、体重、头围、胸围等)生长、大脑发育、性征发育及性成熟的正常进行。

2 锌能帮助宝宝维持正常味觉、嗅觉功能，促进宝宝食欲。宝宝一旦缺锌时，就会出现味觉异常，影响食欲，造成消化功能不良。

3 锌能提高宝宝免疫功能，增强宝宝对疾病的抵抗力，从而减少宝宝患病的机会。

4 锌参与宝宝体内维生素A的代谢和生理功能，对维持正常的暗适应能力及改善视力低下有良好的作用。

5 锌还保护皮肤黏膜的正常发育，能促进伤口及黏膜溃疡的愈合，防止脱发及皮肤粗糙、上皮角化等。

贴心提示

什么时候宝宝吃饭问题都是个大问题，如果宝宝食欲缺乏，给他变了很多花样之后还是没有改善，那么就要考虑宝宝是不是缺锌了。

Q: 宝宝在什么情况下需要补锌

如果宝宝常出现以下不同程度的表现，就可能存在缺锌或者锌缺乏症，需要去医院作个检测，看看是否需要补锌。

1 短期内反复患感冒、支气管炎或肺炎等。

2 经常性食欲缺乏，挑食、厌食、过分素食、异食(吃墙皮、土块、煤渣等)，明显消瘦。

3 生长发育迟缓，体格矮小(不长个)。

4 易激动、脾气大、多动、注意力不能集中、记忆力差，甚至影响智力发育。

5 头发枯黄易脱落，佝偻病时补钙、补维生素D效果不好。

6 经常性皮炎、痤疮，采取一般性治疗效果不佳。

如果出现这些情况，妈妈应及时带宝宝到有条件的医院进行头发或血液锌测定，在确定诊断的基础上，及早给宝宝补锌。

贴心提示

建议用头发测定的方式来检测微量元素的情况，头发反映的是过去几个星期甚至几个月内微量元素的营养状况，能更好地帮助判断宝宝的营养状况。

Q: 哪些宝宝容易缺锌

根据国内外儿科医学研究的结果，有几类宝宝属于容易缺锌的高危人群，应列为补锌的重点对象：

1 妈妈在怀孕期间摄入锌不足的宝宝：如果孕妇的一日三餐中缺乏含锌的食品，势必会影响胎儿对锌的利用，使体内贮备的锌过早被应用，这样的宝宝出生后就容易出现缺锌症状。

2 早产儿：如果宝宝不能在母体内孕育足够的时间而提前出生，就容易失去在母体内贮备锌元素的黄金时间(一般是在孕后期的最后1个月)，造成先天不足。

3 非母乳喂养的宝宝：母乳中含锌量大大超过普通牛奶，更重要的是其吸收率高达42%，这是任何非母乳食品都不能比的。

4 过分偏食的宝宝：有些"素食者"，从小拒绝吃任何肉类、蛋类、奶类及其制品，这样非常容易缺锌，因此，应从小就培养宝宝良好的饮食习惯，不偏食，不挑食。

5 过分好动的宝宝：不少宝宝尤其是男宝宝，过分好动，经常出汗甚至大汗淋漓，而汗水也是人体排锌的渠道之一。

6 罹患佝偻病的宝宝：这些宝宝因治疗疾病需要而服用钙制剂，而体内钙水平升高后就会抑制肠道对锌的吸收。同时，因为这样的患儿食欲也相对较差，食物中的锌摄入减少，很容易发生缺锌。

7 一些特殊情况下的宝宝：土壤含锌过低，使当地农产品缺锌；宝宝的消化吸收功能不良，一些疾病、药物如四环素等与锌结成难溶的复合物妨碍吸收。

贴心提示

在宝宝的饮食中，如果能合理搭配食物，同时宝宝没有挑食、偏食的坏毛病的话，宝宝一般不会有缺锌现象。

Q: 如何用食物给宝宝补锌

充足和均衡的营养供给是防治宝宝缺锌的关键，妈妈首先要改善宝宝的饮食习惯，设法帮助宝宝克服挑食、偏食的毛病。

在宝宝的饮食中，可以适当添加富锌的天然食物，如：海产品(海鱼、牡蛎、贝类等)、动物肝脏、花生、豆制品、坚果(杏仁、核桃、榛子等)、麦芽、麦麸、蛋黄、奶制品等。

一般禽肉类，特别是红肉类动物性食物含锌多，且吸收率也高于植物性食品。粗粉(全麦类)含锌多于精粉。发酵食品的锌吸收率高，应多给宝宝选择。

贴心提示

菠菜等含植物草酸多的蔬菜应先在水中焯一下，再加工后进食，以防它们干扰锌的吸收。

Q：如何正确选择补锌产品

如果宝宝需要额外服用补锌剂，妈妈在给宝宝选择补锌产品时应注意以下几个方面。

1 认准品质。

首选有机锌，如乳酸锌、葡萄糖酸锌、醋酸锌等等。与无机锌（硫酸锌、氯化锌等）相比较，有机锌对胃口刺激较小、吸收率高。目前有些经生物技术转化的生物锌制剂把锌与蛋白有机结合起来，锌吸收率更高，不良反应更少，如能买到，可优先选择。

2 避开钙、铁、锌同补的产品。

过多的钙与铁在体内吸收过程中将与锌"竞争"载体蛋白，干扰锌的吸收，需要补钙、补铁的患儿要把钙、铁产品与锌产品分开服用，间隔长一些为好。

3 计算好用量。

补锌不是越多越好，补锌剂量以年龄和缺锌程度而定，不可过量。买补锌产品时要看产品说明书上标定的元素锌的含量，这是计算宝宝服锌量的标准，而不是看它一片(袋)总重量是多少。

在计算补锌计量时不要超过国家推荐的锌摄入标准，如：6个月以内的宝宝每天应该摄入3毫克锌，6~12个月的宝宝每天应该摄入5毫克左右的锌，1~3岁的宝宝每天应该摄入6~10毫克的锌。还要除去宝宝每天膳食的锌摄入量。一旦宝宝食欲改善后，可添加富锌食物，减少补锌产品用量。

4 适合宝宝口感。

当然，在保障质量的前提下，产品口感好，宝宝乐意接受，且价格适当，也是权衡和选择的条件。

贴心提示

补锌和补铁、补钙一样，需要注意适量，补锌过多可使宝宝体内维生素C和铁的含量减少，并且抑制铁的吸收和利用，从而引起缺铁性贫血，还会抑制巨噬细胞的活性，使免疫力下降，反复感染。

第5章
宝宝常见病饮食调理

湿疹

湿疹俗称奶癣，又叫脂溢性皮炎或过敏性皮炎。新生儿湿疹多出现在出生后1个月左右，有的出生后1~2周即出现湿疹。新生儿湿疹主要发生在两个颊部、额部和下颌部，严重时可累及胸部和上臂。

症状

湿疹开始时皮肤发红，上面有针头大小的红色丘疹，可出现水疱、脓疱、小糜烂面、潮湿、渗液，并可形成痂皮。痂脱落后会露出糜烂面，愈合后成红斑。数周至数月后，水肿性红斑开始消退，糜烂面逐渐消失，宝宝皮肤会变得干燥，而且出现少许薄痂或鳞屑。

日常护理

1 宝宝的贴身衣服和被褥必须是棉质的，所有衣服的领子也最好是棉质的，避免化纤、羊毛制品对宝宝造成刺激。

2 给宝宝穿衣服要略偏凉，衣着应较宽松、轻软，过热、出汗都会造成湿疹加重。要经常给宝宝更换衣物、枕头、被褥等，保持宝宝的身体干爽。

3 在给宝宝洗浴时以温水洗浴最好，要选择偏酸性的洗浴用品，保持宝宝皮肤清洁，尤其不能用热水和肥皂。不能因为宝宝有湿疹而减少为宝宝洗脸、洗澡的次数，因为皮肤不清洁的话，感染的机会会增加。

4 勤给宝宝剪指甲，避免宝宝抓挠患处，造成继发性感染。

饮食调理

1 最好是母乳喂养，因为母乳喂养可以减轻湿疹的程度。

2 宝宝的食物要尽可能是新鲜的，避免让宝宝吃含气体、色素、防腐剂、稳定剂或膨化剂的食品。

3 哺乳的妈妈暂时不要吃蛋、虾、蟹等食物，以免这些食物通过乳汁影响宝宝。

4 宝宝的食物以清淡为好，应该少些盐分，避免体内积液太多而让湿疹加重。

冬瓜红豆粥

原料：冬瓜300克，粳米、红豆各50克。

调料：香油适量。

做法：

1 冬瓜洗净切块；红豆浸泡4小时；粳米淘洗干净。

2 将冬瓜块、红豆、粳米放入锅内，加适量的水煮成粥，加香油调味即可。

贴心提示：红豆清热解毒、健脾益胃；冬瓜中钠盐和钾盐的含量都比较低，具有利水消肿、清热解毒的功效。

玉米须芯汤

原料：玉米须15克，玉米芯30克。

调料：冰糖适量。

做法：

1 玉米须、玉米芯用水煎后，去渣取汁。

2 将玉米汁加冰糖调味后饮用即可。

贴心提示：此汤每日服1次，可连服5~7天。

番茄双花

原料：番茄1个，菜花、西蓝花各100克，葱花适量。

调料：番茄酱、白糖、盐各适量。

做法：

1 将菜花、西蓝花洗净后撕成小朵，放入开水中余烫后捞出再过凉水后沥干；番茄洗净，去皮切碎。

2 起锅热油，放入葱花炝锅，随后放入番茄酱炒片刻，加入少许清水烧开。

3 将菜花、西蓝花、番茄放入锅中，调入盐和白糖适量，待汤汁收稠后即可。

贴心提示：番茄内含丰富的维生素及番茄碱等物质。番茄碱有抑菌消炎、降低血管通透性作用，对湿疹可起到止痒收敛的作用。

流感

宝宝的年龄越小，流感发病率越高，发病程度越重，造成的健康风险越大。0~3岁的宝宝免疫能力差，极易成为流感侵袭的群体。

症状

初期症状明显，伴有高热、头痛、喉咙痛、肌肉酸痛、全身无力等症状，之后咳嗽和流鼻涕症状会陆续出现，部分宝宝可能会出现腹痛、呕吐等肠胃症状。流感的发热可能持续3~5天。一旦宝宝患上了流感，可能变得爱发脾气，食欲大减，同时出现扁桃腺红肿。

日常护理

1 给宝宝适度穿衣。秋季早晚温度变化明显，妈妈们要根据天气变化为宝宝增减衣物。

2 进行适当的室外运动。室外运动能够使宝宝呼吸新鲜空气，加速身体新陈代谢，增强宝宝的身体抵抗力。

3 给宝宝一个良好的室内环境。室内空气污浊、流通缓慢会使大量流感病毒在室内聚集，增加宝宝的发病机会。为避免这种情况出现，一定要注意保持室内空气新鲜，定期消毒，及时杀灭病毒，消除宝宝的流感隐患。

饮食调理

6个月以下的宝宝最好母乳喂养；年纪稍大的宝宝可以添加多样化饮食，蔬菜、水果、牛奶等都要吃一些，以摄入全面、均衡的营养。两次喂食期间可以喂宝宝一些白开水。

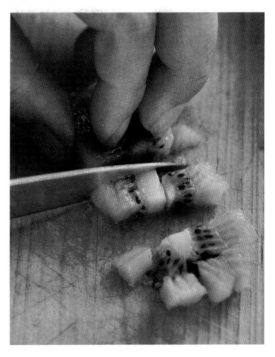

白萝卜炖蜜糖

原料： 白萝卜1个约750克。

调料： 蜂蜜1小匙。

做法：

1 白萝卜洗净后去皮，切成小块，放入大碗内，加蜂蜜和适量水腌渍30分钟。

2 再把大碗放炖锅内，隔水用小火炖1小时即可。

贴心提示： 中医理论认为，白萝卜味辛甘，性凉，入肺、胃经，为食疗佳品，可以治疗或辅助治疗多种疾病，包括感冒。

金银花山楂饮

原料： 金银花20克，山楂10克。

调料： 蜂蜜适量。

做法：

1 将金银花、山楂放入沙锅内，加适量水，置大火上烧沸。

2 5分钟后取药液1次，再加水煎熬1次取汁，将2次药合并，放入蜂蜜调味即可。

贴心提示： 这服药饮可每天给宝宝服用两次。

金银花银耳煲

原料： 金银花20克，银耳10克。

调料： 白糖、红糖各适量。

做法：

1 银耳用清水浸泡发开后洗净；金银花用清水洗净。

2 瓦煲内放适量水，烧开后放入银耳和金银花，用小火煲半小时。

3 加入白糖、红糖各适量即可。

贴心提示： 金银花具有直接抗病毒、防感冒、清热解毒的作用，对于防治流感有着很高的药用价值。

汗症

小儿盗汗的病因有很多种，其中最常见的原因是缺钙、发热、结核、低血糖以及周围环境温度太高。中医将白天无故出汗称为"自汗"，夜间睡眠出汗、醒后停止出汗称为"盗汗"，无论自汗或盗汗，多与宝宝体质虚弱有关。

症状

婴幼儿期由于新陈代谢旺盛，容易出汗，但是只要安静下来，出汗现象自然就会消退。有的宝宝安静状态下出现多汗的症状，则有可能属于汗症。

日常护理

1 注意给多汗的宝宝勤换衣被，随时用软棉布擦身，以保持皮肤干燥。宝宝身上有汗时，不要等衣服自行焐干，要及时更换。

2 避免让宝宝直接吹风，以免受凉感冒。

3 必要时带宝宝去医院检查微量元素，发现异常及时治疗。

饮食调理

1 汗症的饮食原则是益气养阴，妈妈平时可以多给宝宝吃一些糯米、小麦、红枣、核桃、莲子、山药、百合、蜂蜜、泥鳅、黑豆、胡萝卜等食品。

2 小儿自汗，平时不要多吃寒凉、生冷的食物；小儿盗汗，平时应该少吃辛热、煎炒、上火的食物。

3 多补水。多汗易造成宝宝口舌干燥，健康受损，因此要多给宝宝喝水，喂以多种营养丰富的食物，保证代谢之需。饮食要清淡，避免汗液增多。

小麦红枣粥

原料：小麦60克，红枣5枚，糯米适量。

调料：红糖适量。

做法：

1 将小麦、糯米洗净；红枣去核。

2 锅内装六成满的清水，放入小麦、糯米、红枣，大火烧开，改小火煨30分钟成粥。

3 粥烂熟时，加入红糖拌匀即可。

贴心提示：这道粥可以早晚各给宝宝服用1次。

苦瓜汁

原料：苦瓜1根约400克。

调料：冰糖适量。

做法：

1 将苦瓜洗净后去子，切块，放入榨汁机中榨汁。

2 取汁放沙锅内烧开，加冰糖调味即可。

贴心提示：苦瓜煎制成凉茶，夏日给宝宝饮用可以消暑怡神，但是苦瓜不耐保存，即使放在冰箱中，也不宜超过2天，最好是现买现吃。

伤食

一般2岁以后的宝宝基本上都与成人吃一样的食物了，爸妈很少再为他们开小灶。因为跟大人同桌吃饭，又吃一样的饭菜，往往就会忘记宝宝的消化吸收能力和咀嚼能力还是比成年人弱，一不小心，就会发生"伤食"。

症状

我们说的"伤食"是指宝宝进食超过了正常的消化能力，导致一系列消化道症状，如厌食、上腹部饱胀、舌苔厚腻、口中带酸臭味等。

日常护理

1. 捏脊：让宝宝面孔朝下，平卧；妈妈以两手的拇指、食指和中指捏按宝宝脊柱两侧，随捏随按，力度不要太大，由下而上，再从上而下，捏3~5遍，每晚一次，积食症状将慢慢缓解。

2. 揉中脘：中脘穴位位于胸骨正中与肚脐连线的二分之一处。妈妈用手掌根旋转按揉，每日两次。

3. 摩涌泉：足底心即是涌泉穴。妈妈以拇指压按涌泉穴，旋转按摩30~50下，每日两次。

饮食调理

宝宝伤食的时候，不要再给宝宝喂食高热量、不易消化的脂肪类食物，禁食1~2餐或者喂些清淡易消化的米汤、面条等，同时要遵照医嘱，给宝宝服用一些助消化药。

炒红果

原料：新鲜山楂适量。

调料：红糖适量。

做法：

1 山楂洗净，去核。

2 将红糖放入锅内，用小火炒化，加入去核的山楂，再炒5~6分钟，闻到酸甜味即可。

贴心提示：可以用未经加工的干山楂，如果宝宝伴有发热症状，应改用白糖。

生姜橘皮茶

原料：生姜20克，橘皮10克，清水适量。

调料：红糖适量。

做法：

1 生姜、橘皮洗净切小片，放入锅中。

2 加入适量清水和红糖，煮成糖水即可。

贴心提示：生姜含姜辣素，能止吐，增强胃肠蠕动，排除消化道中积存的气体；橘皮所含的挥发油也有利于胃肠积气排出，能促进胃液分泌，有助于消化。两者做成生姜橘皮茶，对缓解消化不良导致的腹部胀气很有好处。

便秘

如果粪便在结肠内积聚得时间过长，水分就会被过量地吸收，导致粪便过于干燥，造成排便困难。

症状

宝宝的大便干结，偏硬，颜色发暗。

日常护理

1 训练宝宝养成定时排便的好习惯。一般来说，宝宝3个月左右，妈妈就可以帮助宝宝逐渐形成定时排便的习惯。

2 按摩。手掌向下，平放在宝宝脐部，按顺时针方向轻轻推揉。这不仅可以加快宝宝肠道蠕动进而促进排便，并且有助于消化。每天进行10~15分钟。

3 多运动。经常带宝宝去散散步，运动运动。

饮食调理

1 宝宝的饮食一定要均衡，不能偏食，五谷杂粮以及各种水果、蔬菜都应该均衡摄入。

2 可以让宝宝多吃含粗纤维丰富的蔬菜和水果，如芹菜、韭菜、萝卜、香蕉等，以刺激肠壁，使肠蠕动加快，粪便就容易排出体外。

3 清晨起床后给宝宝饮1杯温开水，可以促进肠蠕动。要注意多给宝宝饮水，最好是蜂蜜水，蜂蜜水能润肠，也有助于缓解便秘。

4 如果是牛奶喂养的宝宝，在牛奶中加入适量的糖(5%~8%的蔗糖) 可以软化大便。

红薯粥

原料：新鲜红薯150克，粳米100克。

调料：白糖适量。

做法：

1 红薯洗净，切成小块；粳米淘洗干净。

2 锅内加适量清水，放入红薯、粳米同煮为粥，快熟时加适量白糖搅匀调味，再煮片刻即可。

贴心提示：红薯是一种碱性食品，含有较多的钙、镁、钾等矿物质，钙和镁可预防骨质疏松症；钾能有效防止高血压。红薯含有多种不易被消化酶破坏的纤维素和果胶，能有效刺激消化液分泌及肠胃蠕动，使大便畅通。

雪梨炖罗汉果川贝

原料：雪梨1个约250克，罗汉果、川贝母各适量。

调料：蜂蜜、冰糖各适量。

做法：

1 雪梨去皮和核，切成小块；罗汉果洗净，剥去外壳；川贝母洗净。

2 将雪梨块、罗汉果、川贝母同放在小盆内，加入冰糖、蜂蜜和1碗水。

3 入锅隔水蒸1小时，取出凉温，调入蜂蜜即可。

贴心提示：蜂蜜有润肠通便的作用，这道汤食可以给宝宝佐餐食用。

木瓜鱼汤

原料： 生木瓜1个约500克，草鱼肉1块（约300克），干莲子20克。

调料： 盐适量。

做法：

1 干莲子洗净，放入冷水中浸泡至软；木瓜去皮及子，切块备用。

2 草鱼洗净，放入平底锅中用少许油煎至两面微黄，捞出备用。

3 锅中倒入2000毫升开水，放入莲子及煎好的鱼块，大火煲滚后改小火煲2小时。

4 待汤色变浓白色时，加入木瓜及盐再煲30分钟即可。

贴心提示： 木瓜含有的膳食纤维有利于胃肠的蠕动，能促进体内毒素、废物的排出，有消除便秘、保护肝脏之效。

鲜蘑烩油菜

原料： 油菜心200克，鲜蘑菇50克，姜末、葱花各适量。

调料： 盐适量。

做法：

1 油菜、蘑菇洗净。

2 起锅热油，下姜末、葱花炝锅，下油菜心、蘑菇旺火炒3分钟。

3 加适量食盐调味即可。

贴心提示： 油菜中含丰富的纤维素，可以减少脂肪吸收，促进肠胃蠕动，对减轻和预防便秘有好处。

腹泻

宝宝消化功能不成熟，发育又快，所需的热量和营养物质多，一旦喂养不当，就容易造成腹泻，俗称拉肚子。

症状

宝宝每日大便次数可达4~5次乃至十几次，常伴有恶心、呕吐、食欲下降或拒食的现象。

日常护理

1 注意腹部保暖，以减少肠蠕动，可以用毛巾裹腹部或热水袋敷腹部。让宝宝多休息。

2 由于宝宝的皮肤比较娇嫩，而且腹泻时排出的大便一般酸性较强，会对宝宝小屁股的皮肤引起伤害。所以，在宝宝每次排便后妈妈都要用温水先清洗会阴及周围皮肤，然后再清洗肛门，最后用软布擦干。

饮食调理

1 减少膳食量以减轻肠道负担，限制脂肪摄入以防止低级脂肪酸刺激肠壁；限制碳水化合物，以防止肠内食物发酵促使肠道蠕动增加。也就是说应该给宝宝清淡饮食，以利于其肠道修复。

2 无论何种病因的腹泻，宝宝的消化道功能虽然降低了，但仍可消化吸收部分营养素，只要宝宝想吃，都需要喂。

3 腹泻会导致宝宝脱水，妈妈要给宝宝补充足够的水。

山药粥

原料：大米50克，山药细粉（药店有出售）20克。

做法：

1 将大米淘洗干净，用清水浸泡30分钟备用。

2 锅内加入适量清水烧开，加入大米烧开，再加入山药细粉，一起煮成粥即可。

贴心提示：此粥有健脾的功效，适宜小儿慢性腹泻者食用。山药含有淀粉酶、多酚氧化酶等物质，有利于脾胃消化吸收功能。

白术红枣饼

原料：白术100克，红枣80克，面粉150克，鸡蛋2个。

做法：

1 白术洗净，烘干，研成极细的粉末，炒熟备用。

2 红枣洗净，煮熟，捣烂成泥；鸡蛋打散至起泡。

3 将白术、红枣、面粉和鸡蛋液混合均匀，加适量水制成小饼，入烤箱烘干即可。

贴心提示：此饼可以作为点心给宝宝佐餐用，也可以代替一顿主食来食用。

上火

宝宝脏腑娇嫩，体温调节中枢功能不完善，很容易上火。

症状

日常生活中，0~3岁的宝宝上火三大特点就是"吃不进""受不了""拉不出"，常常表现为：发热、口腔溃疡/糜烂、厌食、便秘、还有眼红、眼屎多、嘴唇干裂、嗓子干涩、口臭、腹胀、腹痛。

日常护理

1 规律排便。帮宝宝养成规律的排便习惯，可以及时将体内的毒素排出来。

2 保证睡眠。宝宝睡眠好，既能促进生长发育，又可增强身体抵御疾病的能力。

3 保持合适温度和湿度。室内温度在18~22°C，湿度在55%~60%，经常开窗通风，保持室内空气新鲜，可防止宝宝皮肤及鼻咽腔黏膜干燥。

4 多活动。天气好可多带宝宝到户外活动，促使体内积热发散，提高抗病能力。

饮食调理

1 坚持母乳喂养。母乳含丰富营养物质和免疫抗体，母乳喂养可提高宝宝抵抗力，防止上火。

2 选好配方奶。许多吃牛奶或婴幼儿配方奶粉的宝宝出现了上火症状，人工喂养的宝宝应在营养专家的指导下选用配方奶，多喂白开水。

3 多饮水。宝宝早上起来就喝白开水，这样可以补充晚上丢失的水分，清理肠道，排除废物，唤醒消化系统及整体机能的恢复，清洁口腔等。半小时后再喝奶或吃主食，吃完后再喝几口水以清洁口腔。有些宝宝不爱喝白开水，也可以喝些果汁。

4 饮食要清淡。宝宝上火要多吃蔬菜、瓜果，少吃油炸、煎烤类的食品和巧克力、奶油等甜食。夏天对于桂圆、荔枝、杧果等热性水果也要少吃。鸡蛋、瘦肉、鱼、豆类等优质蛋白要充足供应，但动物性蛋白质应尽量选择脂肪少的，不可太油腻。在烹调中，多使用清炖、清蒸等方法。

5 控制宝宝的零食，特别要少吃高油、高糖的精致化加工食品。

雪梨香蕉汤

原料：雪梨1个约250克，香蕉约100克，清汤适量。

调料：冰糖适量。

做法：

1 雪梨、香蕉均去皮切块。

2 起锅，倒入清汤，放入雪梨、香蕉、冰糖，小火煮10分钟即可。

贴心提示：一天两次，有滋阴润燥、止燥咳、生津液的作用，对秋燥上火的防治，可收到事半功倍的效果。

肉片苦瓜

原料：苦瓜半根约200克，猪瘦肉20克，葱花、姜末各适量。

调料：盐适量。

做法：

1 苦瓜洗净，去子切片；猪肉洗净切片。

2 起锅热油，下葱花、姜末炝锅，放入肉片炒熟，淋入少许清水。

3 再放入苦瓜炒熟，加适量盐调味即可。

贴心提示：苦瓜能够起到增强宝宝食欲、促进消化和清凉败火的作用。

绿豆藕合

原料：莲藕1节约250克，绿豆100克，胡萝卜1个。

调料：白糖适量。

做法：

1 绿豆洗净，浸泡半个小时后碾碎；胡萝卜洗净切碎，和绿豆搅拌均匀。

2 莲藕刮皮洗净，从一端切开，在莲藕孔中灌入胡萝卜绿豆馅。

3 将莲藕放蒸锅中蒸熟，再切片摆在盘中即可。

贴心提示：藕能通气，还能健脾和胃、养心安神，属顺气佳品，以水煮服或稀饭煮藕疗效最好；绿豆是夏季消暑佳品，具有下火功效。

发热

宝宝的体温一般在37.5°C以下，如超过这个温度就说明可能在发热。

症状

宝宝发热时，通常还伴有面红、烦躁、呼吸急促、吃奶时口鼻出气热、口腔发热发干、手脚发烫等症状。

日常护理

宝宝发热后最简便而又行之有效的办法是物理降温，不要随便使用退热药物，以免引起毒性反应。

宝宝体温在38°C以下时，一般不需要处理，但是要多观察，多喂些水，几个小时后宝宝体温就可以恢复到正常。

如在38~39°C之间，可将襁褓打开，将包裹宝宝的衣物抖一抖，然后给宝宝盖上较薄些的衣物，使宝宝的皮肤散去过多的热，室温要保持在15~25°C之间。

宝宝体温高于39°C时，可用酒精加温水混合擦拭降温，高热会很快降下来。酒精和温水的比例应为1∶2。擦拭时可以用纱布蘸着酒精水为宝宝擦颈部、腋下、大腿根部及四肢等部位。在降温过程中要注意，体温一开始下降，就要马上停止降温，以免矫枉过正，出现低体温。酒精可以使婴幼儿的体温急剧下降，所以要慎重使用。

饮食调理

1 多喝水有助于宝宝发汗散热，此外水有调节温度的功能，可使体温下降及补充机体丢失的水分。

2 宝宝发热期间，适合少量多餐，饮食应以清淡、易消化为主，可以喂宝宝一些藕粉、代乳粉等，但仍以母乳为最佳。

海带绿豆汤

原料：海带、绿豆各20克，甜杏仁10克。

调料：红糖适量。

做法：

1 绿豆、甜杏仁洗净；海带洗净，切丝。

2 将海带丝、绿豆、甜杏仁一同放入锅中，加水适量，大火煮开，再小火烹煮，煮熟后加红糖调味即可。

贴心提示：绿豆有清热解毒及祛暑的疗效，而且水分充足、营养丰富。

百合绿豆粥

原料：大米、绿豆各100克，百合50克。

调料：红糖适量。

做法：

1 将百合洗净，去泥沙；大米、绿豆淘洗干净。

2 将大米放锅内，加入300毫升水，放入百合、绿豆。

3 用大火烧沸，再用小火煮熬1小时，加入红糖拌匀即成。

贴心提示：此粥色泽鲜艳，甜香适口，适合宝宝的口味，有清热解毒、消暑利水的作用，特别适合宝宝夏天食用。

鼻出血

宝宝鼻黏膜血管丰富，黏膜较为脆嫩，易发生鼻出血。

症状

宝宝鼻出血，出血量可多可少，轻者仅涕中带血，重者出血量较多，可引起头晕、乏力，甚至出现昏厥。

日常护理

1 宝宝鼻出血的应急处理方法：

a.让宝宝取坐位，头稍前倾，尽量将血吐出，避免将血咽入胃中刺激胃。

b.用拇指、食指捏住宝宝双侧鼻翼，也可用干净的棉球、纱布、手绢填塞鼻孔止血，同时用凉毛巾敷额头及鼻部，也有利于血管收缩、止血。

经过上述处理，一般多在数分钟内止住出血，如果十几分钟仍不止血，则应送医院诊治。

2 在给宝宝洗脸时，用清水洗一洗宝宝的鼻腔前部，注意不要把水弄到鼻腔深部，以防呛水。经常用棉签蘸婴儿润肤油或润肤露擦拭宝宝鼻腔前部。

3 有的宝宝有用手抠鼻孔的不良习惯，鼻黏膜干燥时很容易将鼻子抠出血。平时应教育宝宝不要用手挖鼻孔。

饮食调理

1 平时多吃新鲜蔬菜和水果，并注意多喝水或清凉饮料补充水分，有助于避免宝宝发生鼻出血。鲜藕、荠菜、白菜、丝瓜、芥菜、蕹菜、黄花菜、西瓜、梨、荸荠等都是有利于止血的果蔬。

2 秋天要多给宝宝补水，比如食疗方中的秋梨汤、柿子汁、荸荠水等应经常饮用，或多吃水果和蔬菜，必要时可服用适量维生素C、维生素A和维生素B_2。

3 让宝宝养成良好的饮食习惯，在饮食上不挑食、不偏食，防止宝宝因维生素的缺乏而致鼻出血。

4 发生过鼻出血的宝宝不要多吃煎炸、肥腻以及虾、蟹、雄鸡等食物。

空心菜白萝卜蜂蜜露

材料：空心菜100克，白萝卜1个。

调料：蜂蜜适量。

做法：

1 空心菜择洗干净；白萝卜去皮，洗净，切小块。

2 空心菜与萝卜块捣烂，放入榨汁机中榨汁，加蜂蜜调匀即可。分2次服，每天1次。

贴心提示：萝卜性味偏凉，利于止血。

白云藕片

原料：嫩藕300克，粉丝30克，水发银耳、水发木耳各15克，青椒25克，姜末适量。

调料：白糖、盐、淀粉、香油、米醋各适量。

做法：

1 嫩藕洗净，去皮，切薄片，放盐腌渍一会儿；青椒洗净，切丁；木耳、银耳洗净，撕成片。

2 用米醋、盐、香油调成汁，与粉丝、银耳一起拌匀。

3 用少许清水放入白糖、米醋、盐、淀粉调成糖醋汁，倒入烧热的油锅中，下姜末、青椒、木耳煸炒几下，放入藕片，稍炒后放入银耳、粉丝，炒熟即可。

贴心提示：莲藕有清热的作用，对热性病症如上火引起的鼻出血等有较好的治疗作用。

肥胖

宝宝的体重超过平均值20%以上就算肥胖。在婴儿期，宝宝活动范围小，吃的食物又营养丰富，加上有的家长喂食不予控制，宝宝一哭就给他吃东西，容易导致宝宝出现肥胖。

症状

过于肥胖的宝宝会常有疲劳感，用力时会气短或腿痛。严重时，由于脂肪的过度堆积限制了胸扩肌和膈肌运动，会发生呼吸困难。因体重过重，走路时两下肢负荷过度还会导致膝外翻和扁平足。而且，肥胖也限制了宝宝的运动机能发展，不利于身体的生长发育。在婴儿期肥胖的宝宝，如果调理得当，到两三岁后肥胖现象可以改善，否则会持续发展，一直维持到成年。

日常护理

1. 制订运动计划。增加运动使能量消耗，是减轻肥胖者体重的重要手段之一。但肥胖的宝宝因运动时气短、运动笨拙而不愿运动，需要家长和宝宝合作，共同制订运动计划。如每天晚饭之后全家人外出散步30分钟，如果抽不出时间每天散步，可以选择固定几天安排一些事情让全家人都有机会参加。

2. 至少每半年要为宝宝量一次身高、体重，同时计算身体质量指数(BMI)，核对参考指数，衡量宝宝是否过重甚至肥胖。

1~6个月：标准体重(克)=出生体重(克)+月龄×600。

7~12个月：标准体重(克)=出生体重(克)+6×600+（月龄-6）×500。

1~2岁的体重：标准体重(千克)=年龄(岁)×2+8；计算标准体重的一般公式：标准体重(千克)=身高(厘米)-105。

具体而言，宝宝的体重超过身高标准体重的10%~19%为超重，超过20%~29%为轻度肥胖，超过30%~49%为中度肥胖，超过50%为重度肥胖。

饮食调理

1. 限制高热量、高脂肪、高糖、高胆固醇食物(肥肉、动物内脏、油炸食品、奶油甜点、坚果类、冰淇淋、巧克力等）的摄入。多食糙米(糙米粉)、全麦(麦片)、玉米等，可生食的食物尽量生食，这样热量低且营养成分高。宝宝的食物烹调宜清淡，食盐不应过多。

2. 保证含蛋白质食物(鱼、瘦肉、豆类及豆制品）及含维生素、矿物质食物(含水分多的蔬果：黄瓜、冬瓜、白萝卜、生菜、番茄、西瓜；含纤维多的蔬菜：芹菜、竹笋、菠菜、白菜、胡萝卜、蘑菇、海带、木耳）的摄入，以防减肥影响宝宝生长发育。

3. 家长要带头示范健康的饮食方式。不论自制或外食，都要为全家人选择均衡、健康的食物。

冬瓜汤

材料: 带皮冬瓜300克,陈皮3克,葱、姜各适量。

调料: 精盐适量。

做法:

1 冬瓜洗净,切成块,放锅内。

2 加陈皮、葱、姜、精盐和适量水,文火煮至冬瓜熟烂即成。

贴心提示: 冬瓜性寒凉,脾胃虚弱、肾脏虚寒、久病滑泄、阳虚肢冷者忌食。

豆腐丝拌豌豆苗

原料: 豆腐皮50克,豌豆苗250克,蒜末适量。

调料: 盐、香油各适量。

做法:

1 豆腐皮洗净,切丝,入沸水锅中焯烫,捞出过凉,沥干水分;豌豆苗择洗干净,入沸水中焯熟,投入冷水中过凉,捞出沥干。

2 将豆腐丝和豌豆苗放入大碗中,加盐、蒜末、香油拌匀即可。

贴心提示: 豌豆苗含有大量膳食纤维,经常给宝宝吃可以促进胃肠道蠕动,减少消化系统对糖的吸收,起到减肥的作用。

附录 0~3岁聪明宝宝成长最佳食材

随着宝宝消化系统日渐发育成熟，宝宝可以吃的食物会越来越多，妈妈应尽可能让宝宝多尝试一些食物，用各种巧妙的制作方法，打开宝宝的胃口。

牛奶

营养解读

牛奶中蛋白质的含量为3.5%~4%，脂肪含量为3%~4%，碳水化合物含量为4%~6%，并且钙、磷、钾等微量元素的含量也非常丰富。

牛奶蛋白质的组成以酪蛋白为主，其次为乳蛋白、乳球蛋白、乳清蛋白、免疫球蛋白和酶等，能很好地满足宝宝生长发育的需要。

牛奶是宝宝摄取钙质的来源之一，钙质能强化骨骼，帮助宝宝发育，还有合成胶原蛋白的功效，是宝宝成长过程中不可缺少的。

牛奶中还含有丰富的钾和维生素B_2，只要喝上一杯牛奶，宝宝就能同时摄取到身体一天所需要的钾和维生素B_2。

搭配宜忌

牛奶宜与燕麦同食，既能补充蛋白质，又可以提供丰富的碳水化合物、维生素和磷、铁、钙等营养物质，满足宝宝多元化的营养需求。

因为牛奶中的蛋白质一旦与橘子中的果酸相遇，就会发生凝固，从而影响牛奶的消化与吸收，在这个时间段里也不宜进食其他酸性水果。

夏季如何保存软包装牛奶

牛奶取回后，如果马上饮用，稍加煮沸即可。如不立即饮用，可放入冰箱中。存放前应将袋子外表清洗擦干，防止表面灰尘污染其他食物，并且不要开口，以防吸附异味。

牛奶保存的最佳温度为2~8℃，一般可存放2~3天。

缺铁性贫血的宝宝不宜饮用牛奶，因体内的亚铁会与牛奶中的钙盐、磷盐结合成不溶性化合物，影响铁的吸收利用，不利于贫血的宝宝恢复健康。1岁以内婴儿不宜喝纯牛奶，1岁以后可以开始喂全脂牛奶。

豆腐

营养解读

豆腐中含有大量的蛋白质和钙。据测定，100克豆腐含钙量为140~160毫克。豆腐又是植物性食品中含蛋白质比较高的，含有8种人体必需的氨基酸等。因此，常吃豆腐可以保护肝脏、促进机体代谢、增加免疫力，并且有解毒作用。

搭配宜忌

豆腐宜与猪肉、鱼肉、鸡蛋同食，能够提高豆腐中蛋白质的吸收利用率，提高豆腐的营养价值。

如果给宝宝食用豆腐是为了补钙的话，就不要与葱同食，因二者同食，豆腐中的钙与葱中的草酸会结合形成草酸钙，会影响钙质的吸收。

怎样保存豆腐

传统板豆腐很容易腐坏，买回家后，应立刻浸泡于水中，并放入冰箱冷藏，烹调前再取出。取出后不要超过4小时，以保持新鲜，而且最好在购买当天食用完毕。

贴心提示

将鲜豆腐泡入淡盐水中半小时，烹调起来会不容易破碎。

鸡蛋

营养解读

鸡蛋含有人体必需的几乎所有的营养物质，其蛋黄和蛋白的蛋白质都是优质蛋白，含量达11%~13%，一般在6克左右。蛋黄除了含有丰富的卵黄磷蛋白外，还含有丰富的、易被宝宝身体吸收的不饱和脂肪酸和钾、钠、镁、磷等矿物质，还含有丰富的维生素A、维生素B_2、维生素D、铁及卵磷脂。卵磷脂是脑细胞的重要原料之一，对宝宝智力发育大有裨益。

搭配宜忌

鸡蛋与豆腐同食可促进钙的吸收。

忌与白糖同煮，否则会生成一种叫糖基赖氨酸的物质，破坏鸡蛋中的有益氨基酸。

红皮鸡蛋与白皮鸡蛋

有人认为红皮鸡蛋比白皮鸡蛋营养价值高，这是没有科学根据的，鸡蛋的红皮白皮是因为鸡的品种与产地不同，与鸡蛋的营养成分无关。

贴心提示

宝宝每天可食鸡蛋1~2个，将蛋黄放在小锅内焙煎所取得的蛋黄油可以辅助治疗小儿消化不良，外敷也可治疗婴儿湿疹。

鸡蛋的吃法很多，有煮、炒、煎、炸、开水冲、生吃等方法，但对于消化能力还比较弱的宝宝来说，蒸蛋羹、蛋花汤这两种能使蛋白质充分松解的方式最为合适。

猕猴桃

营养解读

猕猴桃营养极为丰富。每百克果肉中维生素C的含量比柑橘、苹果等水果高几倍甚至几十倍。同时还含有大量的糖、蛋白质、氨基酸等多种有机物和人体必需的多种矿物质。猕猴桃中钙的含量也相当高，每百克达58毫克左右，而且钠的含量几乎为零，对于发育旺盛的宝宝补充钙质有很好的作用。

搭配宜忌

猕猴桃宜与酸牛奶同食，可帮助宝宝肠内益生菌的生长，促进肠道健康，缓解便秘。

猕猴桃不宜与动物肝脏、黄瓜同食，会破坏营养。

猕猴桃的选择与保存

充分成熟的猕猴桃，质地较软，并有香气，这是食用的适宜状态。如果质地硬，无香气，则没有成熟，味道会酸而涩，不宜食用；反之，如果果实很软，或呈气鼓鼓的状态，并有异味，就是已过熟或腐烂，已经丧失了食用价值。如果买到了还没有软熟的猕猴桃，可以用塑料袋密封，在常温下放置5天左右，一般能自然熟化。对于暂不食用的猕猴桃，最好用塑料袋包好，保存在冰箱内。

> **贴心提示**
>
> 食用猕猴桃后一定不要马上喝牛奶或吃乳制品。这是因为猕猴桃中维生素C含量较高，易与奶制品中的蛋白质凝结成块，不但影响消化吸收，而且还会使人出现腹胀、腹痛、腹泻的症状。

海带

营养解读

海带的营养丰富，含有碘、铁、钙、蛋白质、脂肪及淀粉、甘露醇、胡萝卜素、维生素B_1、维生素B_2、尼克酸、褐藻氨酸和其他矿物质等人体所需的营养成分，同时它的含碘量高，有促进宝宝大脑和器官发育的作用。每100克干海带含尼克酸1.6克，比大白菜、洋白菜、芹菜高5倍多。尼克酸有助于人体的新陈代谢。

搭配宜忌

海带适宜与豆腐同食，豆腐中的皂角苷可降低胆固醇，但会增加碘的排泄；海带含碘量高，可及时补充碘。二者同食，有助于维持人体的碘平衡。

吃海带后不要马上喝茶(茶含鞣酸)，也不要立刻吃酸涩的水果(酸涩水果含植物酸)。因为海带中含有丰富的铁，以上两种食物都会阻碍体内铁的吸收。

怎样让海带柔软

1 用淘米水泡发海带，既易发、易洗，烧煮时也易酥软。

2 可在煮海带时加少许食用碱或小苏打，但不可过多，煮得时间也不宜过长。煮软后，将海带放在凉水中泡凉，清洗干净，然后捞出即可食用了。

3 把成团的干海带打开放在笼屉里隔水干蒸半小时左右，然后用清水浸泡一夜。这样可使海带又脆又嫩，用它来炖、炒、凉拌，都柔软可口。

牛肉

营养解读

　　牛肉营养丰富，是优质的高蛋白食品，所含蛋白质比猪肉高1倍。牛肉中包括所有的必需氨基酸。它的必需氨基酸的比值和人体蛋白质中氨基酸的比值几乎完全一致，可强壮宝宝骨骼，促进宝宝健康成长。

搭配宜忌

　　牛肉适宜与萝卜同食，牛肉有补脾胃、益气血、强筋骨的功效。萝卜能健脾补虚、行气消食。二者同食具有利五脏、益气血的功效。

　　不宜与栗子同食，不易消化吸收。

嫩化牛肉的方法

　　将洗净的鲜姜切成小块，捣碎，再将姜末放纱布内挤出姜汁，把姜汁拌入切成丝或片的牛肉中，搅拌均匀，使牛肉片表面均匀沾上姜汁，在常温下放置1小时左右，烹调出来的牛肉非常鲜嫩，适合宝宝食用。

贴心提示

　　给宝宝食用的牛肉最好用炖煮或熬汤的方式，肉要煮至软烂，这样不仅方便宝宝咀嚼，更有利于营养的吸收。炖牛肉时，可用干净的白布包一些茶叶，放在锅里，或放点山楂、橘皮，这样牛肉比较容易熟烂。

鳕鱼

营养解读

　　鳕鱼的盛产期在冬季，因此它是冬季吃火锅时受人喜爱的食材。鳕鱼跟鲽鱼、比目鱼一样，都含有丰富的蛋白质，而且脂肪含量极少，具备高蛋白、低热量的特性，因此，是适合宝宝食用的鱼类。

　　除了含有能维持身体机能的蛋白质外，鳕鱼还含有大量的钾质，能将钠排出体外，因此有助于抑制血压上升。

搭配宜忌

　　鳕鱼与香菇搭配可以健脑补脑，与豆腐搭配可提高蛋白质的利用率。

　　不宜与红酒搭配，会产生腥味。

鳕鱼与营养补充剂

　　鳕鱼是能帮助宝宝成长的美味食材，也是增强宝宝记忆力和视力的好帮手。补充一些复合高效的鲑鱼油之类的营养食品有助于全面摄取鳕鱼营养，还可以配钙片、镁片一起服用，既可以解决宝宝个子问题，还可以让宝宝更聪明。

贴心提示

　　虽然鳕鱼中含有丰富的维生素B_1、B_2以及锌等营养成分，但是因为它的盐分很高，因此做鳕鱼时要记得采用低盐的清淡口味。另外，虽然鳕鱼中含有大量的胆固醇，但因为它也同时含有不饱和脂肪酸，可以放心给宝宝食用。

虾

营养解读

虾是口味鲜美、营养丰富的食品，虾的肉质和鱼肉一样松软，易于消化。虾肉含有丰富的钙、磷、铁等矿物质，还富含碘，对宝宝的健康大有裨益。科学分析显示，虾的可食部分蛋白质占到16%~20%，其中对虾居首，河虾次之。

搭配宜忌

虾与辣椒同食有助于增强免疫力，虾与豌豆配菜可以提高食物营养价值。

虾含有比较丰富的蛋白质和钙等营养物质，如果把它们与含有鞣酸的水果，如葡萄、石榴、山楂、柿子等同食，不仅会降低蛋白质的营养价值，而且鞣酸和钙结合形成鞣酸钙后会刺激肠胃，引起人体不适，出现呕吐、头晕、恶心和腹痛、腹泻等症状。

海鲜与这些水果同吃，至少应间隔2小时。

鱼和虾的营养价值一样吗？

鱼和虾的营养成分是不同的。鱼肉中不仅含有丰富的蛋白质，同时还含有DHA，为孩子大脑发育不可缺少的一种物质，所以虾不能替代鱼，尤其是深海鱼。但是虾也含有丰富的蛋白质，而且钙的含量较高，也是一种营养丰富的食品。

> **贴心提示**
>
> 虾肉鲜嫩，且没有骨、刺，在宝宝咀嚼能力还不太强时，可以经常做些以虾为原料的食物给宝宝吃，以此给宝宝提供优质的动物蛋白。

核桃

营养解读

核桃的营养价值较高。100克干核桃仁含蛋白质15~20克、脂肪65~75克、碳水化合物10克、膳食纤维5~6克。此外，还含有钙、磷、铁、钾、镁、锌、锰等矿物质和胡萝卜素、硫胺素、核黄素、抗坏血酸、维生素E等多种维生素。因为它含有65%的脂肪并在脂肪中含有70.7%的亚油酸、12.4%的亚麻酸，总计有83.1%的分子较小的不饱和脂肪酸，是宝宝大脑细胞结构脂肪的良好来源。

搭配宜忌

可把核桃仁和红枣、大米一起熬成核桃粥喝，因为核桃可以补"先天之本"，大米、红枣可以补"后天之本"，搭配起来，保健效果最佳。

核桃不宜与木耳同食，会引起身体不适。

6个月以内的宝宝不宜吃核桃

核桃里含有大量的蛋白质和脂肪，比较不容易消化，并且容易引起过敏，6个月以内的宝宝不太适合吃。最好等宝宝8个月后再食用。

> **贴心提示**
>
> 不要直接给宝宝吃核桃仁，要打成粉或磨成浆，也可以做成核桃泥喂宝宝。宝宝每天吃1个核桃就足够了，不要吃得太多。

图书在版编目(CIP)数据

聪明宝宝怎么吃／尹念编著．—北京：中国人口出版社，2012.9
（食全食美）

ISBN 978-7-5101-1360-4

Ⅰ.①聪…　Ⅱ.①尹…　Ⅲ.①婴幼儿—保健—食谱　Ⅳ.①TS972.162

中国版本图书馆CIP数据核字（2012）第198038号

聪明宝宝怎么吃

尹念　编著

出版发行	中国人口出版社
印　刷	沈阳美程在线印刷有限公司
开　本	820毫米×1400毫米　1/24
印　张	8
字　数	200千
版　次	2012年9月第1版
印　次	2012年9月第1次印刷
书　号	ISBN 978-7-5101-1360-4
定　价	29.80元

社　长	陶庆军
网　址	www.rkcbs.net
电子信箱	rkcbs@126.com
电　话	(010) 83534662
传　真	(010) 83515922
地　址	北京市西城区广安门南街80号中加大厦
邮政编码	100054